RÉSUMÉ ANALYTIQUE

DU COURS

DE CHIMIE ORGANIQUE

PROFESSÉ A LA FACULTÉ DE MÉDECINE DE LYON

PAR

le Dr CAZENEUVE

CORRESPONDANT DE L'ACADÉMIE DE MÉDECINE

<table>
<tr><td>LYON
A. STORCK, ÉDITEUR
78, Rue de l'Hôtel-de-Ville</td><td>PARIS
G. MASSON, ÉDITEUR
120, Boulevard Saint-Germain</td></tr>
</table>

1893

RÉSUMÉ ANALYTIQUE

DU

COURS DE CHIMIE ORGANIQUE

RÉSUMÉ ANALYTIQUE

DU COURS

DE CHIMIE ORGANIQUE

PROFESSÉ A LA FACULTÉ DE MÉDECINE DE LYON

PAR

le Dr CAZENEUVE

CORRESPONDANT DE L'ACADÉMIE DE MÉDECINE

LYON
A. STORCK, ÉDITEUR
78, Rue de l'Hôtel-de-Ville

PARIS
G. MASSON, ÉDITEUR
120, Boulevard Saint-Germain

1893

AVANT-PROPOS

———

Il faut que mes élèves se persuadent que ce résumé analytique de mon cours ne peut suffire à leur apprendre la chimie organique. Dans le cours seul, ils trouveront l'exposé détaillé et réellement saisissant des faits, aussi bien qu'ils se pénétreront des vues d'ensemble et du côté philosophique de la science.

La chimie ne peut être apprise dans les livres.

Du moins cette publication, reflet synoptique de mon enseignement, aura-t-elle l'avantage d'aider leur mémoire dans la préparation des examens et de grouper en quelques pages les faits fondamentaux de la chimie du carbone ?

A ce titre, elle leur rendra, j'espère, quelques services.

Prof. P. CAZENEUVE

COURS DE CHIMIE ORGANIQUE

DÉFINITION

La *chimie organique*, au commencement du siècle s'occupait de l'analyse des organes des animaux et des plantes. De là son nom. Peu à peu les composés retirés de ces organes ont été dédoublés en de nouveaux corps innombrables. Bien plus, on a reproduit par synthèse, c'est-à-dire par soudure entre ces corps non seulement les composés primitifs, mais encore une infinité d'individus nouveaux étrangers à la nature vivante. La chimie organique a pris une extension immense. Or tous ces corps qu'elle envisage, naturels ou artificiels, renferment du carbone, qui est la charpente, le squelette en quelque sorte du composé.

La chimie organique est ainsi devenue la chimie du carbone c'est-à-dire de ses dérivés.

Le nom de *chimie biologique* s'occupe plus spécialement des composés carbonés particuliers aux êtres vivants ainsi que de la transformation de ces composés au sein de l'économie, des conditions de leur apparition, etc., etc.

MÉTHODES

Analyse et *synthèse* sont les deux opérations suivies par le chimiste pour arriver à la connaissance des corps, aussi bien en chimie organique qu'en chimie minérale.

ANALYSE IMMÉDIATE

On appelle *analyse immédiate* l'opération consistant à isoler, soit d'un organe vivant, soit d'un mélange quelconque de composés organiques, les corps définis qui se trouvent mélangés. Les corps isolés d'un organe vivant s'appellent *principes immédiats*, c'est ainsi que l'acide citrique est un principe immédiat du citron, la quinine de l'écorce de quinquina, etc.

L'analyse immédiate s'effectue en recourant à des procédés mécaniques, physiques et chimiques.

Les procédés mécaniques : trituration, pulvérisation, pulpation etc., ont pour but de faciliter l'intervention des moyens physiques. Ces derniers consistent à faire intervenir sur l'organe ou sur la masse de corps mélangés, d'abord les dissolvants neutres, benzine, pétrole, chloroforme, éther, alcool, eau qu'on fait intervenir séparément ou successivement. Ensuite on effectue des cristallisations fractionnées, des précipitations fractionnées, des saturations fractionnées avec précipitation, enfin pour les corps volatils sans décomposition, on fait intervenir la distillation fractionnée. Cette dernière consiste à distiller le mélange de substances volatiles dans un appareil muni d'un thermomètre. Ces substances, ayant un point d'ébullition différent, sont recueillies successivement.

Une substance étant isolée, avant de la considérer comme une espèce chimique, on devra faire porter l'examen sur les points suivants :

1° CRISTALLISATION. — On fractionne les cristallisations dans un dissolvant, lorsque la substance est cristallisable. Les premières parties cristallisées doivent être semblables aux dernières.

2° Point de fusion. — Les premiers cristaux déposés, comme les derniers obtenus, doivent posséder le même point de fusion.

3° Point d'ébullition. — Si la substance est volatile sans décomposition, elle doit passer totalement à la distillation à une même température.

4° Action des réactifs. — Un principe immédiat basique combiné avec un acide, ou un principe acide combiné avec une base doivent donner constamment un même sel toujours identique à lui-même. La base ou l'acide retirés de ces combinaisons doivent toujours être identiques à eux-mêmes. S'il s'agit d'un précipité, le premier précipité, formé dans un liquide, et le dernier précipité, obtenu dans ce même liquide, doivent être identiques.

5° Méthode des dissolvants. — A l'aide d'un dissolvant approprié, on peut se rendre compte si une substance qui y est soluble est pure, c'est-à-dire est une espèce chimique définie. On prend un poids P de matière, on traite ce poids P par un poids M d'un liquide susceptible de dissoudre partiellement le corps examiné. M dissout p de la matière. On traite de nouveau $P - p$ par M.

M doit dissoudre encore p.

On traite de nouveau $P - 2p$ par M.

M doit dissoudre encore p et ainsi de suite.

Si, au lieu de p, on obtenait un poids différent p' à telle ou telle phase du traitement, c'est que la substance était impure.

ANALYSE ÉLÉMENTAIRE

On appelle *analyse élémentaire* l'opération qui consiste à reconnaître d'abord (analyse élémentaire qualitative), la nature des éléments simples renfermés dans le corps, carbone, hydrogène, azote, oxygène, etc., et ensuite la proportion réciproque de ces éléments (analyse élémentaire quantitative).

Le carbone se reconnaît par la formation de charbon dans la calcination, ou la production de CO^2 dans la combustion à l'air ; l'hydrogène par la formation d'eau dans la combustion, l'azote par la formation d'AzH^3 par calcination avec la chaux sodée, et enfin l'oxygène s'apprécie par différence dans l'analyse quantitative.

Le carbone se dose en le brûlant par calcination avec l'oxyde de cuivre dans un tube spécial. On recueille CO^2 dans des tubes à potasse préalablement pesés. Dans la même combustion, l'hydrogène passe à l'état d'eau qu'on recueille dans un tube à ponce sulfurique. L'azote est dosé dans une opération spéciale en calcinant la substance avec la chaux sodée (dosage à l'état d'ammoniaque) ou en la brûlant encore avec l'oxyde de cuivre (dosage à l'état d'azote gazeux).

Les substances organiques peuvent renfermer, par suite de transformations artificielles, du chlore, du brome, de l'iode. Ces substances brûlent avec une flamme verte. Calcinées avec de la chaux pure, elles donnent du chlorure, du bromure ou de l'iodure de calcium. Après dissolution de la chaux par l'acide azotique, on reconnaît et on dose ces sels avec le nitrate d'argent.

Le soufre et le phosphore figurent, soit dans les corps organiques naturels, soit dans les corps artificiels. On reconnaît ces éléments en détruisant la substance par l'acide azotique, qui transforme le soufre en acide sulfurique et le phosphore en acide phosphorique, qu'on reconnaît et qu'on dose par les méthodes ordinaires.

A côté de l'analyse immédiate et de l'analyse élémentaire on distingue encore l'*analyse intermédiaire*, qui consiste à dédoubler un corps chimique en une série d'autres corps plus simples. Le glucose devient ainsi alcool et acide carbonique. L'alcool lui-même se dédouble en éthylène et en eau.

La *synthèse* consiste à souder ces produits de dédoublement pour reconstituer le corps primitif. C'est ainsi qu'en fixant l'eau sur l'éthylène, on reconstitue l'alcool.

FORMULES

L'analyse élémentaire donne la teneur d'un corps en carbone, en hydrogène, en azote, en oxygène, etc. Il s'agit avec ces données d'établir la formule du corps.

La formule d'un corps exprime trois choses : 1° la nature des éléments qui entrent dans la constitution du corps; chacun de ces éléments est désigné par une lettre spéciale, soit le glucose qui renferme C, H, O, c'est-à-dire du carbone, de l'hydrogène, de l'oxygène, soit encore le chloroforme qui renferme C, H, Cl, c'est-à-dire du carbone. de l'hydrogène et du chlore. Chacun de ces signes C, H, O, Cl, représente dans la formule le poids atomique de chaque élément. Une formule C, Az, H, par exemple, — c'est là la formule de l'acide prussique — exprime que 12 de carbone est combiné avec 14 d'azote et 1 d'hydrogène, ces nombres étant respectivement les poids atomiques du carbone, de l'azote, de l'hydrogène. On dit plus simplement qu'un atome de carbone (12 de carbone) se combine avec un atome d'azote (14 d'azote) et un atome d'hydrogène (1 d'hydrogène) pour former l'acide prussique. 2° Le rapport de ces atomes entre eux. Dans l'acide formique $CH^2 O^2$ la formule veut dire qu'un atome de carbone (12) est combiné à 2 atomes d'hydrogène (1×2) et à 2 atomes d'oxygène (16×2). 3° Le poids moléculaire du corps ce qui veut dire pratiquement la quantité pondérale du corps intervenant constamment dans les réactions. Le chloroforme $CH Cl^3$ veut dire qu'un atome de carbone (12) est combiné à un atome d'hydrogène 1 et à 3 atomes de chlore, soit $35,5 \times 3$. Au total on a $12 + 1 + (35,5 \times 3)$ soit $119,50$: c'est là le poids moléculaire du corps qui exprime la formule. Le glucose a ainsi pour formule $C^6 H^{12} O^6$ qui exprime son poids moléculaire, comme pour le chloroforme $CH Cl^3$.

L'analyse élémentaire donne précisément la nature des éléments entrant dans la formule, et le rapport de ces éléments entre eux. Elle indiquera que le glucose contient du carbone, de l'hydrogène et de l'oxygène suivant le rapport CH^2O, mais elle n'indique pas si ce rapport doit être multiplié par 2, par 3, par 4 etc. Pour avoir la véritable formule du corps, c'est-à-dire son poids moléculaire ce qu'on appelait autrefois l'*équivalent* du corps, on est guidé :

1° Par les combinaisons que le corps pourra former avec les autres corps, etc., dont le poids moléculaire est lui-même connu.

2° Par la densité de vapeur. L'expérience a démontré en effet cette loi générale, remarquable, que le volume gazeux d'un corps pris sous son poids moléculaire est égal à celui occupé par 2 grammes d'hydrogène. En prenant la densité de cette vapeur, la rapportant à celle de l'hydrogène multipliée par 2, on aura donc le poids moléculaire.

3° Par les conditions de formation du corps et ses dédoublements.

FORMULES DE CONSTITUTION

On admet par hypothèse, que les corps résultent de la juxtaposition de particules infimes qu'on appelle *atomes*. Les poids atomiques sont les poids relatifs de ces atomes en faisant l'hydrogène égal à I par convention.

Les atomes en se combinant les uns avec les autres forment les *molécules*.

On admet, en se basant sur des considérations physiques et chimiques que les corps simples à l'état de liberté sont constitués généralement par une molécule composée de deux atomes. Le chlore serait du chlorure de chlore Cl^2, l'hydrogène de l'hydrure d'hydrogène H^2, etc.

La molécule du mercure et du cadmium, par exception, se confond avec leur atome, celles du phosphore et de l'arsenic se composent de quatre atomes.

L'acide chlorhydrique se formerait en vertu de l'équation suivante :

$$Cl\ Cl + HH = HCl + HCl$$

Toutes les réactions de la chimie, même les combinaisons des corps simples entre eux, s'expliqueraient donc par des doubles décompositions. Bien entendu, dans la pratique, on écrit le plus simplement possible :

$$H + Cl = HCl$$

Cette hypothèse de la combinaison [des atomes avec eux-mêmes a reçu pour les corps organiques une confirmation expérimentale éclatante. L'action plus énergique des corps à l'état naissant s'explique par l'intervention de l'atome, mis en liberté, avant qu'il soit encore soudé à lui-même.

La constitution des corps organiques n'est explicable qu'en admettant que le carbone se combine ainsi avec lui-même. Ainsi dans l'éthane C^2H^6, on admet qu'il faut écrire :

$$\begin{array}{c} CH^3 \\ | \\ CH^3 \end{array}$$

ce qui veut dire que le carbone est soudé avec lui-même dans la molécule.

Une autre propriété importante des atomes est d'avoir une capacité de saturation qu'on appelle *valence de l'atome*. Le carbone en particulier, dont les propriétés sont capitales en chimie organique, a la propriété de se souder à 4 atomes d'hydrogène (CH^4) sans pouvoir en prendre un de plus : Il est dit *saturé* dans ce cas là.

Le carbone est donc *tétratomique*. L'oxygène en prendra 2 pour former l'eau H^2O : il est donc diatomique. Le chlore en prend un pour former l'acide chlorhydrique HCl : il est monoatomique comme le brome, l'iode, le fluor. L'azote est triatomique, AzH^3. Cependant cette valence qui est constante pour le carbone, toujours tétratomique, ne l'est pas pour tous les atomes.

L'azote est ainsi généralement triatomique, mais quelquefois pentatomique.

Ces préliminaires établis, tous les corps organiques sont construits, en prenant le carbone comme squelette fondamental. Les hydrogènes se fixent sur ce squelette pour donner les hydrocarbures la première fonction à considérer en chimie organique. Puis les hydrocarbures engendrent par fixation d'oxygène, les alcools, les aldéhydes, etc., puis, par fixation d'azote, ou d'oxygène et d'azote, les amines, les amides, etc.

Nous allons prendre un exemple fondamental en enchaînant les réactions, pour montrer comment la formule de constitution d'un corps s'établit. On va voir que les groupements d'atomes, ou les atomes eux-mêmes s'ajoutent à la molécule pièce par pièce. Ce sont ces pièces qu'on conserve dans la formule écrite de constitution, qui devient une sorte de schéma, rappelant le mode de génération du corps, et son mode de dédoublement, si on en fait réagir sur lui des agents décomposants.

Prenons le formène ou méthane CH^4 ; à l'hydrogène peut se substituer le chlore, le brôme, l'iode, le cyanogène. L'hydrogène monoatomique en somme est remplacé par un élément également monoatomique, le chlore ou l'iode qui jouent le même rôle. CH^4 devient ainsi CH^3Cl ou CH^3I. Ce dernier corps est le méthane monoiodé ou iodure de méthyle. Le groupement CH^3 appelé méthyle, groupement hypothétique est soudé à l'iode comme un corps simple, tel le potassium K, par exemple, dans l'iodure de potassium KI. Les groupements d'atomes, se portant dans les réactions comme des corps simples, sont appelés *radicaux*.

C Az, le cyanogène qui joue en chimie le rôle du chlore, du brome, de l'iode est également un radical. Le corps $(C^2H^3O)^2$ Cl est le chlorure d'acétyle C^2H^3O. L'acétyle est encore un radical qu'on met souvent entre parenthèses dans le langage écrit, pour montrer que le groupement se porte en bloc dans les dédoublements comme un corps simple.

On admet ainsi en chimie un grand nombre de radicaux, soit : le méthyle CH^3, l'éthyle C^2H^5, le propyle C^3H^7, etc., l'oxhydryle OH, le carboxyle CO^2H, l'amidogène AzH^2, l'imidogène AzH, le carbonyle CO, etc., etc.

Ceci dit, reprenons ce méthane CH^4 qui devient donc CH^3I. Faisons réagir l'iodure sur deux molécules de cet iodure de méthyle.

$$2CH^3I + 2Na = CH^3 - CH^3 + 2NaI$$

Ce CH^3—CH^3 qu'on écrit encore verticalement $\begin{matrix} CH^3 \\ | \\ CH^3 \end{matrix}$ est déjà ce qu'on appelle une formule de constitution.

Le carbone tétratomique est soudé à lui-même une fois et trois fois avec l'hydrogène. Il est donc saturé. Cette soudure s'exprime soit par un trait (—) soit par un point (.). Formant le dérivé iodé du corps $\begin{matrix} CH^3 \\ | \\ CH^3 \end{matrix}$ l'éthane, nous aurons $\begin{matrix} CH^3 \\ | \\ CH^2I \end{matrix}$ sur lequel nous ferons réagir encore deux atomes de sodium.

$$2(CH^3CH^2I) + 2Na = CH^3CH^2CH^2CH^3 + 2NaI$$

Ce corps $CH^3CH^2CH^2CH^3$, qu'on appelle le butane est exprimé aussi par une formule de constitution.

Faisons encore le dérivé iodé de ce corps. Nous aurons :

$$CH^3.CH^2.CH^2.CH^2I$$

Faisons réagir cette fois la potasse, nous aurons :

$$CH^3.CH^2.CH^2.CH^2I \times KOH = CH^3.CH^2.CH^2.CH^2.OH + KI$$

Ce corps $CH^3.CH^2.CH^2.CH^2.OH$ est la formule de constitution de l'alcool butylique. Le groupement (CH^2OH) est même caractéristique de la fonction alcool.

Nous pourrions ainsi poursuivre ces généralités et engendrer successivement toutes les fonctions.

Nous nous bornons à cet exemple pour bien montrer ce qu'on entend par *formule de constitution*. Ces formules, comme on le voit, sont des formules basées sur l'expérience. Elles sont génératrices c'est-à-dire en rapport avec le mode de génération du corps ; elle permettent également de prévoir son mode de dédoublement.

Quand le carbone est lié à un autre atome de carbone par deux traits $=$ ou par trois traits $\equiv$ c'est qu'il échange deux ou trois valences ou *atomicités* avec lui-même. Parfois les liaisons sont en chaîne fermée soit hexagonale

soit pentagonale

Nous verrons ces formules de constitution peu à peu dans le cours de notre exposé.

ISOMÉRIES

Ces formules de constitution, qui ne sont autre chose que des graphiques basés sur la tétratomicité du carbone, ou bien encore des schémas rappelant le mode de génération et de dédoublement du corps, ont le grand avantage d'exprimer d'une façon frappante ce qu'on appelle les *isoméries*.

Deux corps, trois corps, vingt corps, cent corps peuvent avoir la même formule brute, ces corps sont dits isomères. On connaît six corps ayant pour formule brute $C^7H^6O^4$. Et il peut y en avoir bien davantage. Pourquoi ces corps, qui ont même formule, ont-ils des propriétés, soit physiques, soit chimiques surtout, différentes ? — C'est que, suivant toute apparence, les atomes sont groupés dans la molécule d'une façon différente ; autrement dit, les groupements d'atomes ou *radicaux* sont associés entre eux de diverses façons. Quand le corps se decompose, c'est-à-dire quand la construction moléculaire se démolit ou se modifie dans les réactions, ces groupements d'atomes diversement associés influent fatalement sur les propriétés.

Les formules atomiques expriment cette constitution différente des corps isomères et par suite les caractérisent. Soit les quatre propanes bibromés correspondant à la formule C^3H^6Br, le propane étant $CH^3CH^2CH^3$.

$$1^o \ CH^2Br.CH^2.CH^2Br$$
$$2^o \ CH^2Br.CHBr.CH^3$$
$$3^o \ CH^3.CBr^2.CH^3$$
$$4^o \ CHBr^2.CH^2.CH^3$$

On voit que la position du brome dans la molécule varie, et explique le caractère isomérique.

CLASSIFICATION ET FONCTIONS

Au commencement de ce siècle, on avait classé les corps organiques en corps acides, corps basiques et corps neutres. Avec le développement de la science, on a reconnu que les corps neutres comprenaient des substances dont les propriétés se différenciaient les unes des autres. De là une classification nouvelle, basée sur la façon dont les corps se comportent dans les réactions. Elle comprend neuf fonctions fondamentales (*Corps à fonctions simples*) :

1° Les *hydrocarbures*. 2° Les *alcools*. 3° Les *aldéhydes*. 4° Les *acides*. 5° Les *éthers*. 6° Les *amines*. 7° Les *amides*. 8° Les *composés organo-métalliques*. 9° Les *azoïques*.

A côté de ces fonctions principales, on compte une série de sous-fonctions émanant plus ou moins des précédentes. C'est ainsi que les cétones, les quinones rentrent dans la fonction aldéhyde, que les nitriles rentrent dans les amides, les hydrazines dans les azoïques.

Beaucoup de corps organiques présentent ces fonctions deux fois répétées dans la même molécule, trois fois, quatre fois, cinq fois, etc., etc. C'est ainsi que la mannite, ce sucre de la manne, présente six fois la fonction alcool. Ce sont les corps à fonction répétée.

D'autres corps présentent à la fois une fonction et une autre différente. Ce sont les corps à *fonction mixte*. Un corps sera à la fois alcool et acide, alcool et aldéhyde, amine et amide. Le glucose est un corps cinq fois alcool et une fois aldéhyde, le glycocolle est une amine-amide, etc.

Tous les corps organiques peuvent être ensuite ordonnés par série dans chaque fonction. Ainsi les alcools formeront la série :

$$CH^4O \quad \text{alcool méthylique}$$
$$C^2H^6O \quad \text{alcool éthylique}$$
$$C^3H^8O \quad \text{alcool propylique}$$
$$C^4H^{10}O \quad \text{alcool butylique}$$
$$C^5H^{12}O \quad \text{alcool amylique}$$
$$\text{etc.} \qquad \text{etc.}$$

Les acides formeront la série :

$$CH^2O^2 \quad \text{acide formique}$$
$$C^2H^4O^2 \quad \text{acide acétique}$$
$$C^3H^6O^2 \quad \text{acide propionique}$$
$$C^4H^8O^2 \quad \text{acide butyrique}$$
$$C^5H^{10}O^2 \quad \text{acide valérianique}$$
$$\text{etc.} \qquad \text{etc.}$$

On remarquera que tous ces corps se différencient les uns des autres par CH^2 en plus ou en moins. Ces corps sont dits *homologues* les uns des autres. Ils constituent une *série* homologue.

On retrouve ces séries homologues pour toutes les fonctions.

HYDROCARBURES.

Les hydrocarbures sont des composés d'hydrogène et de carbone.

Certains hydrocarbures ne peuvent plus se combiner par addition à l'hydrogène, au chlore, au brome, à l'iode.

Ils sont dits *saturés*. Les autres hydrocarbures peuvent au contraire fixer encore de l'hydrogène, etc. Ils sont dits *non saturés*.

Au point de vue de leur constitution, les hydrocarbures sont tantôt à chaîne longue comme l'hexane

$$CH^3—CH^2—CH^2—CH^2—CH^2—CH^3$$

Ils sont dits : *acycliques*.

Tantôt à chaîne fermée comme la benzine

$$
\begin{array}{ccc}
 & CH & \\
HC & & CH \\
HC & & CH \\
 & CH &
\end{array}
$$

Ils sont dits : *cycliques*.

Chaque hydrocarbure, par transformation successive, engendre toutes les fonctions organiques. Il est le squelette en quelque sorte des transformations des corps. Un hydrocarbure devient ainsi successivement un alcool, une aldéhyde, un acide, etc. etc. Les hydrocarbures à chaîne longue sont le squelette des acides gras et pour ainsi dire des acides entrant dans les corps gras naturels. Tous les corps à chaîne longue constituent, par extension ce qu'on a appelé la *série grasse*.

Tous les corps à chaîne fermée, qui ont par conséquent pour squelette un hydrocarbure à chaîne fermée constituent ce qu'on appelle la *série aromatique*, parce que la plupart des substances aromatiques naturelles rentrent dans cette catégorie.

SÉRIE GRASSE

HYDROCARBURES

Hydrocarbures saturés

SÉRIE FORMÉNIQUE

I. — *Hydrocarbures saturés ou série forménique*

ETAT NATUREL. — Ils se trouvent dans les pétroles.

MODE DE FORMATION : 1° En chauffant un acide saturé avec un excès de chaux.

$$C^2H^4O^2 + CaO = CO^3Ca + CH^4$$
acide acétique   méthane

2° En unissant deux restes d'hydrocarbures plus simples (Wurtz).

$$C^3H^7Br + C^2H^5Br + Na^2 = 2NaBr + C^3H^7 — C^2H^5$$
Bromure   Bromure   éthyl-propyle
de propyle   d'éthyle   ou pentane

3° En chauffant à 275° un composé renfermant le même nombre d'atomes de carbone avec un excès d'acide iodhydrique (Berthelot).

$$C^2H^4O^2 + 6HI = C^2H^6 + 2H^2O + 6I$$
acide acétique

PROPRIÉTÉS GÉNÉRALES. — Les premiers termes méthane CH^4, éthane C^2H^6 etc., sont gazeux, les suivants sont liquides et mêmes solides. Ils ne peuvent plus absorber ou fixer de l'hydrogène par addition.

Le chlore, brome, iode, donnent des produits de substitution

$$C^2H^6 + Cl^2 = C^2H^5Cl + HCl$$
          chlorure d'éthyle
éthane   ou éthane monochloré

Méthane ou gaz des Marais CH^4 (formène)

ETAT NATUREL. — Il apparaît dans la fermentation des détritus végétaux [(tourbe, fumier), et dans les sources de pétrole.

SYNTHÈSE. — 1° Action de l'eau sur le zinc méthyle

$$Zn(CH^3)^2 + H^2O = 2CH^4 + Zn\ O$$

2° En faisant passer des vapeurs d'hydrogène sulfuré et de sulfure de carbone sur du cuivre porté au rouge

$$CS^2 + 2H^2S + 4Cu = 4CuS + CH^4$$

PRÉPARATION. — Décomposition des acétates par la chaleur en présence d'un excès d'alcali.

$$CH^3COONa + NaOH = CH^4 + CO^3Na$$

acétate de Na

PROPRIÉTÉS PHYSIQUES. — Gaz incolore , inodore $(D = 0,559)$ Très peu soluble dans l'eau.

Il brûle à l'air en donnant $CO^2 + H^2O$.

PROPRIÉTÉS CHIMIQUES. — Le chlore donne des produits de substitution en donnant successivement

$$CH^3Cl, \quad CH^2Cl^2, \quad CHCl^3, \quad CCl^4$$

Le méthane ou formène mélangé avec l'air donne un mélange détonant ou *grisou* qui se produit dans les mines de houille.

Composés chlorés par substitution du méthane

Chlorure de méthyle CH^3Cl

PRÉPARATION. — 1° Par l'action de l'acide chlorhydrique gazeux sur l'alcool méthylique

$$CH^3OH + HCl = CH^3Cl + H.OH$$

2° En décomposant par la chaleur le chorhydrate de triméthylamine (Vincent) provenant des vinasses de betterave

$$3\left[Az(CH^3)^3,HCl\right] = 2\left[Az(CH^3)^3\right] + 3CH^3Cl + AzH^3$$

triméthylamine

PROPRIÉTÉS. — Liquide incolore bout à — 28°. L'eau en dissout 3 fois son volume.

Au rouge dans un tube, il donne de l'éthylène et de l'acide chlorhydrique

$$2CH^3Cl = 2HCl + C^2H^4$$

USAGES. — Il sert à obtenir des températures très basses en activant son évaporation, à l'état liquide, par un courant d'air. Il est employé en médecine comme anesthésique et réfrigérant local.

Le chlorure de méthyle se confond avec l'éther chlorhydrique de l'alcool méthylique.

Formène bichloré CH^2Cl^2

Ce corps peu important a été employé en médecine comme succédané de chloroforme.

Formène trichloré ou chloroforme $CHCl^3$

MODES DE FORMATION. — Il se produit par l'action du chlorure de chaux sur l'alcool, l'acétone, etc.

PRÉPARATION. — On traite par le chlorure de chaux mélangé de chaux éteinte et d'eau, l'alcool à 85°. Il se forme d'abord du chloral

$$C^2H^6O + 4Cl^2 = 5HCl + C^2HCl^3O$$

alcool ordinaire   chloral

et le chloral se dédouble sous l'action de la chaux en donnant du chloroforme et du formiate de calcium (Soubeiran et Liebig)

$$2C^2HCl^3O + CaH^2O^2 = 2CHCl^3 + (H.COO)^2.Ca$$
formiate de chaux

PROPRIÉTÉS PHYSIQUES. — Liquide incolore, très mobile, bouillant à 60°,8. (D=1,48). Peu soluble dans l'eau, très soluble dans l'alcool et l'éther. Il dissout bien les alcaloïdes.

PROPRIÉTÉS CHIMIQUES. — Pur, il s'altère à l'air et à la lumière en donnant de l'acide chloroxycarbonique et de l'acide chlorhydrique

$$CHCl^3 + O = HCl + COCl^2$$

Il est peu altérable quand il renferme 1 0/0 d'alcool. La potasse caustique à chaud le transforme en chlorure de potassium et formiate de potasse

$$CHCl^3 + 4KOH = CHKO^2 + 3KCl + 2H^2O$$

En présence des amines et de la potasse, le chloroforme donne des carbylamines à odeur repoussante et caractéristique (Gautier).

$$CHCl^3 + C^6H^5AzH^2 + 3KOH = CAz,C^6H^5 + 3KCl + 3H^2O$$
aniline   Phénylcarbylamine

RECHERCHE TOXICOLOGIQUE DU CHLOROFORME. — On peut le rechercher en faisant passer un courant d'air dans une cornue renfermant le sang suspect chauffé à 60° et dirigeant le courant d'air dans un tube porté au rouge. On reçoit les produits formés dans le nitrate d'argent qui se troublera par formation de chlorure d'argent, s'il y a du chloroforme dans le sang.

Usages. — C'est un dissolvant très employé. Il est utilisé aussi comme anesthésique, et, pour cet usage, il doit être *pur*, additionné de 1 0/0 d'alcool et conservé dans des flacons jaunes complètement pleins. On le prépare pour l'anesthésie, en décomposant le chloral par les alcalis. Il ne doit jamais être acide ni troubler le nitrate d'argent. Il sert à fabriquer la vanilline de synthèse.

DÉRIVÉS BROMÉS DU FORMÈNE

Deux dérivés seulement sont importants : le bromure de méthyle CH^3Br et le bromoforme $CHBr^3$.

Bromure de méthyle CH^3Br

On l'obtient par l'action du brôme et du phosphore rouge sur l'alcool méthylique.

C'est un liquide incolore, bouillant à 13°.

Bromoforme $CHBr^3$

C'est le composé correspondant au chloroforme qui se prépare de la même façon en remplaçant le chlorure de chaux par le bromure de chaux. C'est un liquide ($D=2,13$), qui bout à 150°-152°. Les alcalis le convertissent en formiate et bromure alcalin. Au contact de la pile zinc cuivre, il donne des quantités considérables d'acétylène C^2H^2.

DÉRIVÉS IODÉS DU FORMÈNE

Deux dérivés à signaler, l'iodure de méthyle CH^3I et l'iodoforme CHI^3.

Iodure de méthyle CH^3I.

PRÉPARATION. — En distillant un mélange de 1 p. phosphore rouge, 4 parties d'alcool méthylique et 10 parties d'iode.

PROPRIÉTÉS. — C'est un liquide incolore, se colorant en jaune à la lumière. Il bout à 44° ($D = 2,19$).

Iodoforme CHI^3

MODES DE FORMATION. — Se produit par l'action de l'iode en présence d'un alcali ou d'un carbonate alcalin sur une foule de composés organiques, l'alcool, acétone, acide citrique, les gommes etc.

PRÉPARATION. — On fait agir le carbonate de potasse et l'iode sur l'alcool ordinaire.

P. PHYSIQUES. — Corps solide jaune cristallisé en paillettes d'odeur safranée. Il est insoluble dans l'eau, soluble dans l'alcool et l'éther. On peut dissimuler son odeur avec quelques gouttes de terpinol.

P. CHIMIQUES. — Il se volatilise en se décomposant. Les solutions alcooliques et éthérées se décomposent rapidement à la lumière en se colorant en brun.

USAGES. — Employé comme antiseptique et anesthésique local dans le pansement des plaies.

Ethane (C^2H^6) et principaux dérivés

Ethane C^2H^6.

Ce corps se produit par l'action de l'iodure de méthyle sur le zinc méthyle.

$$Zn(CH^3)^2 + 2CH^3I = ZnI^2 + 2(CH^3.CH^3)$$
$$\text{ethane}$$

PROPRIÉTÉS. — C'est un gaz incolore. Le chlore et le brome donnent des dérivés de substitution.

Formène monochloré ou chlorure d'éthyle. C^2H^5Cl.

SYNTHÈSES. — Par réaction du chlore sur l'éthane.

$$C^2H^6 + Cl^2 = C^2H^5Cl + HCl$$

PRÉPARATION. — En faisant réagir le gaz chlorhydrique sur l'alcool ordinaire et distillant méthodiquement.

$$C^2H^5OH + HCl = C^2H^5Cl + HOH$$

PROPRIÉTÉS. — Liquide incolore, très mobile, d'une odeur agréable. Il bout à 12°. (D = 0,92). Il est peu soluble dans l'eau, très soluble dans l'alcool. Il brûle avec une flamme colorée en vert sur les bords.

USAGES. — On l'emploie depuis quelques années comme anesthésique local pour les petites opérations et la chirurgie dentaire.

Bromure d'éthyle C^2H^5Br.

Il se prépare par action du brome et du phosphore sur l'alcool ordinaire.

C'est un liquide incolore, d'odeur éthérée bouillant à 38°,8. (D = 1,47.

Iodure d'éthyle C^2H^5I.

PRÉPARATION. — Par l'iode et le phosphore rouge sur l'alcool.

$$3C^2H^5OH + 3I + P = PO^3H^3 + 3C^2H^5I$$

PROPRIÉTÉS.— Liquide incolore jaunissant à l'air et à la lumière. Il bout à 72° (D = 1,97). Insoluble dans l'eau, soluble dans l'alcool.

USAGES. — Employé en inhalations contre l'asthme à la dose de 5 à 10 gouttes par jour.

REMARQUE : Les chlorure d'éthyle, bromure d'éthyle, iodure d'éthyle se confondent avec les éthers chlorhydrique, bromhydrique, et iodhydrique de l'alcool ordinaire.

Hydrocarbures saturés homologues supérieurs de l'éthane

Séparément ces hydrocarbures sont peu importants, mais leur mélange depuis le carbure CH^1, méthane, jusqu'à $C^{16}H^{34}$ constitue les pétroles bruts d'Amérique (Pelouze et Cahours 1864).

Le pétrole du Caucase renferme des carbures aromatiques perhydrogénés.

Le pétrole brut d'Amérique est un liquide goudronneux noirâtre dont on sépare par distillation les produits suivants :

1° ETHERS DE PÉTROLE OU RHIGOLÈNES qui sont des liquides bouillant de 50° à 100° renfermant de l'hexane C^6H^{14} et ses homologues supérieurs. L'éther de pétrole est employé comme dissolvant et aussi, en Allemagne, en frictions contre le rhumatisme.

2° HUILES LÉGÈRES (essence de pétrole, ligroïne), hydrocarbures bouillant de 70° à 120°. Ce sont des corps très inflammables employés comme dissolvants et pour l'éclairage.

3° HUILE DE PÉTROLE, bouillant de 120° à 280°, employée pour l'éclairage. Elle ne doit pas prendre feu au contact d'une allumette enflammée lorsqu'on la chauffe à 35°.

4° HUILES LOURDES DE PÉTROLE ou valvolines, bouillant

de 280° à 380° et servant au chauffage et à lubréfier les machines.

5° Les VASELINES, bouillant vers 360° sont très employées pour remplacer les graisses.

6° La PARAFFINE, substance cireuse blanche inaltérable fond de 56° à 70° et est soluble dans 28 parties d'alcool chaud. Elle est inattaquable par les alcalis et les acides.

7° *Du coke* et des carbures gazeux qui sont employés comme combustibles.

Hydrocarbures non saturés

Ces carbures dérivent des précédents par soustraction d'un nombre pair d'atomes d'hydrogène.

Ils peuvent tous fixer par addition des éléments : hydrogène, chlore, etc., en donnant alors des composés saturés. Ainsi l'éthylène C^2H^4 peut fixer 2 atomes de chlore et donner [l'éthane bichloré] ou liqueur des Hollandais, composé saturé.

$$C^2H^4 + Cl^2 = C^2H^4Cl^2$$

Les carbures non saturés sont divisés en deux grandes classes :

1° les carbures éthyléniques;
2° les carbures acétyléniques.

SÉRIE ÉTHYLÉNIQUE

Ces carbures de la formule générale C^nH^{2n} peuvent fixer deux atomes d'un élément monoatomique et donner un composé saturé.

$$C^nH^{2n} + H^2 = C^nH^{2n+2}$$

Ils peuvent également fixer les acides chlorhydrique, iodhydrique ou sulfurique et donner les éthers des alcools monoatomiques correspondants.

$$C^2H^4 + HCl = C^2H^5Cl$$

MODES DE FORMATION. — On produit ces carbures :

1° Par l'action de la chaleur rouge sur les sels alcalins des acides gras :

$$2(C^2H^3KO^2) + 2KHO = 2CO^3K^2 + C^2H^4 + 2H^2$$

2° Par la décomposition des éthers sulfuriques acides.

$$C^2H^5SO^4H = SO^4H^2 + C^2H^4$$
éther sulfurique — éthylène

3° Par déshydratation des alcools correspondants.

$$C^5H^{12}O = H^2O + C^5H^{10}$$
alcool amylique — amylène

Ethylène ou gaz oléfiant C^2H^4.

SYNTHÈSE. — Par [la décomposition pyrogénée de l'éthane.

$$C^2H^6 = H^2 + C^2H^4$$

PRÉPARATION. — En déshydratant l'alcool ordinaire C^2H^4, H^2O sous l'influence de l'acide sulfurique : il se forme d'abord de l'éther éthylsulfurique, qui se décompose en éthylène et acide sulfurique.

$$C^2H^5SO^4H = SO^4H^2 + C^2H^4$$

P. PHYSIQUES. — Gaz incolore, d'une légère odeur de marée (D = 0,97), peu soluble dans l'eau, plus soluble dans l'alcool et l'éther.

P. CHIMIQUES. — Il brûle avec une flamme éclairante.

$$C^2H^4 + 3O^2 = 2CO^2 + 2H^2O$$

Mêlé de chlore, et enflammé, il donne du charbon et de l'acide chlorhydrique.

$$C^2H^4 + 2Cl^2 = 4HCl + 2C$$

L'acide sulfurique se combine par une longue agitation en donnant l'éther éthylsulfurique.

Le chlore se combine à l'éthylène en présence du soleil en donnant la liqueur des Hollandais.

$$C^2H^4 + 2Cl = C^2H^4Cl^2$$

Le brome donne le dérivé dibromé $C^2H^4Br^2$.

USAGES. — Ce gaz mélangé à d'autres hydrocarbures constitue le gaz d'éclairage obtenu en distillant la houille.

SÉRIE ACÉTYLÉNIQUE

Ces composés répondant à la formule générale C^nH^{2n-2} peuvent se combiner à 4 atomes d'un élément monoatomique et donner des corps saturés.

$$C^nH^{2n-2} + H^4 = C^nH^{2n}+2$$

Ils peuvent également fixer 2 molécules d'acide chlorhydrique. Ils donnent avec les sels cuivreux et ceux d'argent des combinaisons organométalliques, tel est l'acétylure de cuivre. L'insolubilité de ces composés permet de séparer facilement ces hydrocarbures.

MODES DE FORMATION. — On les obtient en soumettant

un dérivé monobromé d'un carbure éthylénique à l'action de la potasse ou de l'éthylate de soude

$$CHBr + C^2H^5ONa = NaBr + C^2H^5OH + CH$$
$$\|\quad\qquad\qquad\qquad\qquad\qquad\qquad\qquad\;\; \||$$
$$CH^2 \qquad\qquad\qquad\qquad\qquad\qquad\qquad\qquad CH$$

éthylène   éthylate de Na   alcool ordin,   acétylène
monobromé

Acétylène $CH \equiv CH$

Synthèse. — En unissant le carbone et l'hydrogène sous l'influence de l'arc voltaïque (Berthelot).

Préparation. — La combustion incomplète, de l'éthylène, de l'éther en fournit de grande quantités. On le prépare avec l'appareil Jungfleisch en brûlant incomplètement le gaz d'éclairage et recueillant les produits de la combustion dans le protochlorure de cuivre ammoniacal qui donnera de l'acétylure de cuivre insoluble et rouge $(C^2H^2Cu^2)^2O$.

On décompose la combinaison cuprique par l'acide chlorhydrique à chaud et on recueille l'acétylène sur le mercure.

Le bromoforme $CHBr^3$ décomposé par la pile zinc cuivre ou la poudre d'argent dans un ballon en fournit de grandes quantités.

$$2(CHBr) + H^6 = 3HBr + C^2H^2$$

P. Physiques. — Gaz incolore, odeur désagréable et caractéristisque. Il est soluble dans l'eau.

P. Chimiques. Il brûle avec une flamme fuligineuse. Chauffé dans une cloche courbe il donne de la benzine.

$$3(C^2H^2) = C^6H^6$$

Il se combine aux oxydes cuivreux et d'argent, et formé des composés qui, séchés, détonent par le choc (acétylures).

Usages. — Sans emploi ; mais toutes les substances organiques peuvent en dériver par synthèse.

ALCOOLS

Les alcools sont des corps qui possèdent la propriété fondamentale de se combiner avec les acides pour donner naissance à des éthers.

Ils peuvent être considérés comme engendrés par les hydrocarbures, où un ou plusieurs atomes d'hydrogène seraient remplacés par le résidu (OH) monovalent appelé oxhydryle.

Prenons l'éthane C^2H^6; en remplaçant un atome d'hydrogène par OH nous engendrons l'alcool ordinaire $C^2H^5.OH$.

Si la substitution se fait plusieurs fois on a des corps possédant plusieurs fois la fonction alcool. 3 atomes de H du propane C^3H^8, remplacés par 3 OH, donnent la glycérine $C^3H^5(OH)^3$, corps qui possède 3 fois la fonction alcool.

La substitution de OH à H peut se faire de plusieurs façons différentes :

Si nous prenons le propane C^3H^8 que l'on peut écrire:

$$CH^3 - CH^2 -- CH^3$$

La substitution de OH à H sur un groupement CH^3 engendre un alcool primaire

$$CH^3.CH^2.(CH^2.OH)$$

le groupement $CH^2.OH$ caractérisant un alcool primaire.

Si la substitution se fait sur un groupement CH^2, on aura un *alcool secondaire*.

$$CH^3.CHOH.CH^3$$

Le groupement $(CHOH)$ caractérisant un alcool secondaire.

Nous pouvons aussi avoir des carbures renfermant des groupements CH. Ainsi l'isobutane

$$CH^3 \!\!\!\begin{array}{c}\\ \diagdown \\ \diagup \end{array}\!\!\! CH.\ CH^3$$
$$CH^3$$

donnera en remplaçant H par OH dans le groupement CH un *alcool tertiaire*

$$CH^3 \!\!\!\begin{array}{c}\\ \diagdown \\ \diagup \end{array}\!\!\! C(OH)\text{-}CH^3.$$
$$CH^3$$

$C(OH)$ caractérisant un alcool tertiaire.

Nous verrons plus loin des corps aromatiques phénoliques qui renfermeront également le groupement $C(OH)$ caractérisant la fonction phénol dans les carbures aromatiques.

Il existe aussi des alcools provenant d'hydrocarbures non saturés. Ces alcools possèdent les propriétés des corps non saturés et celles des alcools, soit l'alcool acétylénique.

Propriétés générales des alcools. — Les alcools primaires sont les plus importants et ils forment une série homologue dont l'alcool méthylique $H.CH^2.OH$ est le premier terme.

Par oxydation ces alcools donnent d'abord une aldéhyde en perdant 2 atomes d'hydrogène.

L'alcool ordinaire $CH^3.CH^2OH$ donnera l'aldéhyde éthylique CH^3CHO.

La fonction aldéhyde étant engendrée aux dépens de la fonction alcool primaire, par perte de deux atomes d'hydrogène, les alcools secondaires pourront également perdre 2 atomes d'hydrogène aux dépens du groupement $CHOH$ et donner une *aldéhyde secondaire* ou *cétone* caractérisée par le groupement CO.

Les alcools tertiaires ne renfermant pas deux atomes d'hydrogène dans leur groupement caractéristique $C(OH)$ ne pourront donc pas donner d'aldéhyde.

Si on oxyde plus profondément les alcools primaires ils perdent toujours leurs deux atomes d'hydrogène, mais un atome d'oxygène diatomique vient prendre leur place et l'on a *un acide*.

L'alcool ordinaire $CH^3. CH^2OH$ donnera l'acide acétique $CH^3,COOH$, le groupement $COOH$ caractérisant la fonction acide.

Les alcools secondaires ou leurs aldéhydes correspondantes (acétones) ne donneront pas d'acide correspondant à l'alcool employé. La molécule se scinde en deux. L'acétone ordinaire donnera ainsi de l'acide formique et de l'acide acétique

$$CH^3.CO.CH^3 + 3O = CH^2O^2 + C^2H^4O^2$$

A plus forte raison les alcools tertiaires ne pourront pas fournir d'acides de même condensation en carbone.

Tous les alcools, même les alcools tertiaires, peuvent

se combiner aux acides et former des *éthers* avec élimination d'eau. L'alcool éthylique C^2H^5OH en présence d'un acide, l'acide chlorhydrique, donnera de l'eau et de l'éther chlorhydrique.

$$C^2H^5OH + HCl = C^2H^5Cl + H.OH$$

Cette réaction est caractéristique des alcools.

Deux alcools ou deux molécules d'un même alcool en présence d'un corps avide d'eau (acide sulfurique, chlorure de zinc etc), peuvent se combiner et donner des éthers particuliers avec élimination d'eau.

Ex : deux molécules d'alcool ordinaire réagissant ensemble sous l'influence d'un déshydratant (acide sulfurique) donnent l'*éther ordinaire des pharmacies*.

$$2(C^2H^5.OH) = \begin{matrix} C^2H^5 \\ \\ C^2H^5 \end{matrix} \!\!\Big> O + H^2O$$

MODES GÉNÉRAUX DE FORMATION DES ALCOOLS. — 1. On obtient les alcools en traitant les dérivés bromés ou chlorés des hydrocarbures par la potasse. Il se forme ainsi un alcool et du bromure de potassium.

$$C^2H^5Br + KOH = C^2H^5.OH + KBr$$

Il est souvent plus avantageux de transformer au moyen de l'acétate d'argent le dérivé chloré en dérivé acétique qui se saponifie mieux par la potasse.

2. — On peut obtenir aussi les alcools en hydrogénant les aldéhydes primaires et les acétones par l'amalgame de sodium. Ex.

L'acétone ordinaire (ou aldéhyde isopropylique) donnera par hydrogénation l'alcool propylique secondaire.

$$CH^3.CO.CH^3 + H^2 = CH^3CHOH.CH^3$$

3. — L'acide nitreux, réagissant sur les monamines, donne l'alcool correspondant.

$$C^4H^9AzH^2 + AzO.OH = H^2O + Az^2 + C^4H^9.OH$$

butylamine   alcool butylique

ALCOOLS POLYATOMIQUES.—Si plusieurs oxhydryles sont substitués à plusieurs hydrogènes de l'hydrocarbure, on aura des corps possédant plusieurs fois la fonction alcool, et appelés, pour cette raison, *alcools polyatomiques* ou *polyvalents*.

Les corps possédant deux fois la fonction alcool sont les *glycols*. Ex. Le glycol ordinaire $CH^2.OH$
$$\begin{array}{c} CH^2.OH \\ | \\ CH^2.OH \end{array}$$

La glycérine $CH^2OH.CHOH.CH^2OH$ est un alcool triatomique. Ces alcools polyatomiques se comportent à l'oxydation comme les alcools monoatomiques, chaque groupement CH^2OH pouvant donner naissance à une aldéhyde ou un acide, les groupements $CHOH$ donnant des acétones.

ALCOOLS MONOATOMIQUES

Alcool méthylique CH^3OH.

ETAT NATUREL. — A l'état d'éther dans l'essence de Gaultheria ou salicylate de méthyle. Dans la codéine qui est un éther méthylique de la morphine, etc.

PRÉPARATION. — En recueillant par distillation fractionnée les produits de la distillation du bois passant vers 65°.

P. PHYSIQUES. — Liquide incolore, d'une odeur alcoolique, bouillant à 66° ($D = 0,79$) très soluble dans l'eau, l'alcool, l'éther.

Il dissout les huiles, les essences, les résines.

P. chimiques. — Il brûle avec une flamme peu éclairante, en donnant de l'acide carbonique et de l'eau. Les acides donnent des éthers avec élimination d'eau. L'acétate de méthyle se forme ainsi :

$$CH^3OH + C^2H^4O^2 = C^2H^3O.O.CH^3 + H^2O$$

alcool méthylique   A. acétique   éther méthylacétique

Les oxydants énergiques donnent de l'acide formique

$$H.CH^2OH + 2O = H\,COOH + H^2O$$

Usages. — N'étant pas soumis aux droits de régie, il est employé comme dissolvant à la place de l'alcool ordinaire.

Alcool ordinaire ou éthylique $C^2H^5.OH$

Historique. — Connu depuis Arnaud de Villeneuve (xve siècle).

Synthèse. — En combinant par une longue agitation l'éthylène C^2H^4 avec l'acide sulfurique, on obtient l'éther éthylsulfurique qui, distillé avec de l'eau, fournit de l'alcool.

$$C^2H^5.SO^4H + H^2O = C^2H^5.OH + SO^4H^2$$

Préparation. — On retire ordinairement l'alcool de la fermentation, que le glucose peut éprouver, sous l'influence de la levure de bière. Cette fermentation est corrélative de la vie de champignons appartenant au genre des *saccharomyces* (levûres). Il se fait également dans cette fermentation de l'acide carbonique avec un peu d'acide succinique (0,7 0/0) et de glycérine (3,5 0/0).

$$C^6H^{12}.O^6 = 2CO^2 + 2(C^2H^5.OH)$$

Dans l'industrie, le glucose soumis à la fermentation provient du maïs, orge, pommes de terre, betteraves.

Le liquide fermenté est soumis à la distillation fractionnée dans l'appareil Savalle.

L'alcool, obtenu avec ces procédés, renferme 8 0/0 d'eau environ et des alcools supérieurs (alcools propy_lique, butylique, amylique), qui sont toxiques et que l'on peut néanmoins enlever par des traitements spéciaux.

P. physiques. — Liquide d'odeur agréable, bouillant à 78°, 4 (D = 0,80). Il est soluble dans l'eau en toutes proportions. Il dissout beaucoup de substances, certains alcaloïdes, sels organiques, etc. L'alcool ordinaire à 93° renferme 7 0/0 d'eau que l'on ne peut enlever par distillation fractionnée. L'emploi de la chaux anhydre ou de la baryte caustique est nécessaire pour séparer cette eau.

P. chimiques. — Il brûle avec une flamme peu éclairante, en donnant de l'acide carbonique et de l'eau.

Chauffé au rouge dans un tube il donne de l'éthylène

$$C^2 H^6 O^2 = H^2 O + C^2 H^4$$

Les métaux alcalins donnent des éthylates décomposables par l'eau et avec substitution d'un atome d'hydrogène par un de métal

$$2 C^2 H^5 OH + Na^2 = H^2 + 2 (C^2 H^5 O.Na)$$

Les acides donnent avec l'alcool des éthers

$$C^2 H^5.OH + HCl = C^2 H^5 Cl + H^2 O$$

L'acide sulfurique concentré donne l'acide éthylsulfurique ou sulfovinique ($SO^4 H.C^2 H^5$), qui fournit des sels ($SO^4 M.C^2 H^5$).

Les déshydratants donnent de l'éther ordinaire puis de l'éthylène

$$2(C^2H^5.OH) - H^2O = \begin{matrix} C^2H^5 \\ C^2H^5 \end{matrix} \Big> O$$

$$C^2H^5.OH - H^2O = C^2H^4$$

Les oxydants (bichromate de K et acide sulfurique) ou le noir de platine donnent de l'aldéhyde

$$C^2H^5OH + O = H^2O + C^2H^4O$$

Les oxydants énergiques donnent de l'acide acétique et même de l'acide carbonique et de l'eau

$$C^2H^5.OH + O^2 = C^2H^4O^2 + H^2O$$

$$C^2H^5OH + 3O^2 = 2CO^2 + 3H^2O$$

Le chlore, dirigé dans l'alcool, donne de l'aldéhyde puis du chloral ou aldéhyde trichloré

$$CH^3CH^2OH + 4Cl^2 = 5HCl + CCl^3CHO$$

CARACTÈRES D'UN ALCOOL PUR. — La fuchsine décolorée par l'acide sulfureux ne doit pas se colorer à nouveau avec l'alcool, ce qui indiquerait des aldéhydes. On peut rechercher le furfurol dans l'alcool, en mélangeant l'aniline du commerce avec son volume d'acide acétique et un peu d'alcool suspect. On aura alors une coloration rouge intense.

L'alcool bouilli avec une solution concentrée de potasse ne doit pas se colorer. Mélangé volume à volume avec de l'acide sulfurique concentré, il ne doit pas non plus se colorer. 10cc d'alcool additionné à la température ordinaire de 1cc d'une solution de permanganate de potasse au 1/1000 ne doit faire passer la coloration rose à une coloration brune, qu'au bout d'un quart d'heure environ. Toutes ces réactions doivent être effectuées comparativement avec un échantillon type d'alcool pur.

DOSAGE DE L'ALCOOL. — On dose l'alcool : 1° par distillation du liquide en ramenant le liquide distillé au volume primitif par de l'eau et plongeant un aréomètre (appareil Salleron pour les boissons fermentées).

2° L'ébullioscope Malligand ou Bénévolo fondé sur la température d'ébullition du liquide alcoolique permet d'apprécier encore plus exactement la teneur en alcool.

L'emploi de ces ébullioscopes est limité au dosage de l'alcool dans les vins, et, en général, dans les liquides dont la teneur ne dépasse pas 20 0/0.

PROPRIÉTÉS PHYSIOLOGIQUES. — C'est un aliment respiratoire qui se brûle en partie dans l'organisme. Pris à dose élevée, l'excitation fait place à une période de dépression avec abolition des facultés motrices et intellectuelles. Il engendre par un usage immodéré et prolongé l'*alcoolisme*.

Ce n'est pas à l'alcool éthylique seul qu'il faut reprocher cette action fâcheuse. Les alcools bon marché mal rectifiés servant principalement à faire les cognacs, absinthe, rhum, etc., contiennent des homologues supérieurs de l'alcool (alcool butylique, propylique, amylique) ainsi que des aldéhydes, tous ces corps ayant une action très toxique.

USAGES. — Très employé comme dissolvant (teintures, alcoolats, etc.).

Pour les usages industriels, on lui substitue l'*alcool dénaturé* ou *mauvais goût* contenant un mélange d'acétone et d'alcool méthylique dans des proportions indiquées par la Régie.

Homologues supérieurs de l'alcool éthylique

Ces alcools se produisent en petite quantité dans la fermentation des jus sucrés, d'où on les sépare par fractionnement. Dujardin-Beaumetz a montré que leur toxicité augmente avec leur poids moléculaire.

Ainsi l'alcool amylique $C^5 H^1_2 O$ est plus toxique que les alcools propyliques $C^3 H^8 O$ et butylique $C^4 H^{10} O$.

On obtient facilement l'alcool butylique par fermentation de la glycérine sous l'influence du *Bacillus butyiicus* de Fitz.

$$2C^3 H^8 O^3 = 2CO^2 + 2H^2 + H^2O + C^4 H^{10} O$$

Les alcools propylique et butylique sont solubles dans l'eau ; l'alcool amylique y est peu soluble.

L'*alcool cétylique* $C^{16} H^{33}.OH$ ou *éthal* est contenu à l'état d'éther de l'acide palmitique dans le blanc de baleine ou spermaceti.

La cire de Chine contient un alcool l'*alcool cérylique* $C^{27} H^{55} OH$ à l'état d'éther de l'acide cérotique.

La cire d'abeille contient de *l'alcool myricique* $C^{30} H^{61} OH$.

ALCOOLS POLYATOMIQUES

Les alcools polyatomiques proviennent du remplacement de plusieurs atomes d'hydrogène d'hydrocarbures par un nombre égal d'oxhydryles. On distingue parmi ces alcools :

1° Les glycols ou alcools diatomiques dont le glycol ordinaire $C^2H^4(OH)^2$ est le type.

2° Les glycérines, alcools triatomiques, exemple : la glycérine ordinaire $C^3H^5(OH)^3$.

3° Les alcools tétratomiques, exemple : l'érythrite $C^4H^6(OH)^4$.

4° Les alcools pentatomiques, exemple : la quercite $C^6H^7(OH)^5$.

5° Les alcools hexatomiques dont la mannite est le type $C^6H^8(OH)^6$.

6° Les alcools heptatomiques, exemple : la perséite $C^7H^9(OH)^7$.

Alcools diatomiques

Glycol ordinaire $C^2H^4(OH)^2$.

HISTORIQUE. — Découvert par Wurtz.

SYNTHÈSE. — En traitant l'éthylène bibromé par l'acétate d'argent

$$\begin{array}{l} CH^2\,Br \\ | \qquad + 2\,(C^2H^3O^2\,Ag) = 2\,AgBr\, + \\ CH^2\,Br \end{array} \quad \begin{array}{l} CH^2 - C^2H^3O^2 \\ | \\ CH^2 - C^2H^3O^2 \end{array}$$

et saponifiant l'éther diacétique formé par la baryte

$$\begin{array}{l} CH^2C^2H^3O^2 \\ | \qquad\qquad + BaO^2H^2 = (C^2H^3O^2)^2\,Ba\, + \\ CH^2C^2H^3O^2 \end{array} \quad \begin{array}{l} CH^2\,OH \\ | \\ CH^2\,OH \end{array}$$

Ether diacétique du glycol   Acétate de Ba   Glycol

PRÉPARATION. — Par la synthèse.

P. PHYSIQUES. — Liq. incolore, un peu épais, qui peut cristalliser, d'une saveur alcoolique et sucrée. Il bout à $197°5$ $(D=1,22)$. Très soluble dans l'eau et l'alcool, peu soluble dans l'éther.

P. CHIMIQUES. — Il donne deux séries d'éthers :
1° éther possédant encore la fonction alcool. Ex. : la monochlorhydrine du glycol

$$C^2H^4 \begin{cases} Cl \\ OH \end{cases}$$

2° Les éthers diacides

$$C^2H^4 \begin{cases} Cl \\ Cl \end{cases}$$

L'oxydation énergique du glycol donne l'acide correspondant, l'acide oxalique.

$$C^2H^4(OH)^2 + O^4 = 2\,H^2O + C^2H^2O^4$$

Une oxydation ménagée donne l'acide glycolique, corps à fonction mixte une fois acide, une fois alcool

$$\begin{array}{c} COOH \\ | \\ CH^2OH \end{array}$$

L'oxydation n'a porté que sur un seul groupement alcoolique $CH^2\,OH$.

En tube scellé à $200°$ il donne de l'aldéhyde ordinaire.

$$C^2H^4\,(OH)^2 = H^2O + C^2H^4O$$

Alcools triatomiques

Glycérine $C^3H^5(OH)^3$

HISTORIQUE. — Découverte par Scheele en 1779 (principe doux des huiles).

SYNTHÈSE. — Par le propylène triodé saponifié suivant la méthode générale par KOH (Friedel et Silva).

FONCTION. — Alcool triatomique.

PRÉPARATION. — Saponification des corps gras ou triéthers de la glycérine par l'eau alcaline ou acide ou simplement l'eau surchauffée.

$$C^3H^5 \begin{cases} O\,(C^{16}H^{31}O) \\ O\,(C^{16}H^{31}O) \\ O\,(C^{16}H^{31}O) \end{cases} + 3\,H^2O = 3\,(C^{16}H^{32}O^2) + C^3H^5 \begin{cases} OH \\ OH \\ OH \end{cases}$$

MargarineA. margariqueGlycérine

P. PHYSIQUES. — Liq. visqueux, incolore, inodore, qui peut cristalliser, d'une saveur sucrée ($D=1,28$), bouillant à 275^0 en se décomposant partiellement, distillable dans le vide, soluble dans l'eau, l'alcool, insoluble dans l'éther.

P. CHIMIQUES. — Par oxydation, elle donne naissance à des corps aldéhydes puis acides (acide glycérique). Elle empêche les oxydes de se précipiter de leurs sels par l'influence des alcalis. Elle donne trois sortes d'éthers avec les acides.

Les corps gras et la nitroglycérine ou trinitrine sont les plus intéressants et sont des triéthers.

La dynamite est de la nitroglycérine mélangée à des matières siliceuses.

Usages. — 1° Fabrication de la dynamite ; 2° médicament émollient (glycérolés) ; 3° dans le tissage des étoffes comme agent hygroscopique.

Alcools tétratomiques

Érythrite $C^4H^6(OH)^4$.

Historique. — Découverte par Stenhouse dans les lichens en 1849.

Fonction. — Alcool tétratomique.

Préparation. — Elle existe dans les lichens *(Roccella montagnei)* à l'état d'éther diorsellique. On l'obtient par saponification par la chaux.

P. physiques. — Prismes quadratiques solubles dans l'eau et l'alcool, qui possèdent une saveur sucrée. Ils fondent à 112^0 puis distillent en se décomposant partiellement.

P. chimiques. — L'oxydation donne naissance à de l'acide tartrique $C^4H^6O^6$.

Alcools pentatomiques

Quercite $C^6H^7 (OH)^5$

Historique. — Découverte par Braconnot (sucre de gland).

Fonction. — Alcool pentatomique.

Préparation. — On le retire des glands de chêne.

Propriétés. — Soluble dans l'eau et l'alcool étendu. Inaltérable à l'air.

La *pinite* $C^7H^{14}O^6$ ou *malizite*, considérée pendant longtemps comme isomère de la quercite est l'éther méthylique de l'inosite droite. Elle est extraite du *Pinus lambertiana*.

La *quebrachite* du quebracho est un sucre isomère de la pinite.

L'*arabite* $C^5H^7 (OH)^5$ est un alcool pentatomique qui donne par oxydation un glucose, l'arabinose $C^5H^{10}O^5$.

Alcools hexatomiques

Mannite $C^6H^8 (OH)^6$.

HISTORIQUE. — Découverte par Proust en 1806.

FONCTION. — Alcool hexatomique.

Sa formule est en chaîne longue (série grasse). Elle est deux [fois alcool primaire et quatre fois [alcool secondaire.

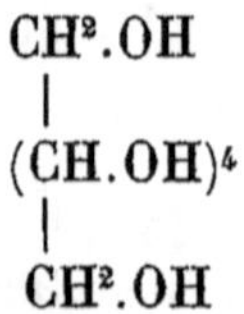

$$
\begin{array}{c}
CH^2.OH \\
| \\
(CH.OH)^4 \\
| \\
CH^2.OH
\end{array}
$$

PRÉPARATION. — Retirée de la manne au moyen de l'alcool.

P. PHYSIQUES. — Prismes très solubles dans l'eau, l'alcool, insolubles dans l'éther. Elle fond à 166°.

P. CHIMIQUES. — Oxydée, elle fournit un mélange de fructose (levulose) et de mannose. L'anhydride acétique donne un éther hexacétique.

Sorbite $CH^2.OH.(CHOH)^4.CH^2.OH$

FONCTION. — Alcool hexavalent isomère de la mannite.

SYNTHÈSE. — En hydrogénant le glucose ou la sorbinose avec l'amalgame de sodium.

PRÉPARATION. — On l'extrait des baies du sorbier.

PROPRIÉTÉS. — En s'oxydant, il donne une aldéhyde le glucose ordinaire $CH^2.OH.(CHOH)^4.CHO$.

Dulcite. — $C^6H^{14}O^6$. C'est un alcool hexatomique isomère des deux précédents et qui oxydé fournit la galactose $C^6H^{12}O^6$ isomère du glucose. On l'a encore appelée *mélampyrite* ou *évonymite*. Elle est extraite de la manne de Madagascar.

Rhamnite, $C^6H^{14}O^6$ isomère des précédents. Par oxydation elle donne l'isodulcite ou Rhamnose $C^6H^{12}O^5$. On l'obtient dans le dédoublement du quercitrin par hydratation, lequel donne en même temps de la quercétine.

Inosite $C^6H^{12}O^6$. Ce sucre extrait de la chair musculaire et des feuilles de noyer est un corps en chaîne fermée, qu'il faut rattacher à la série aromatique. Il est six fois alcool secondaire.

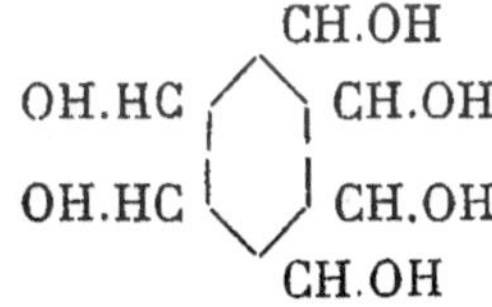

Alcools heptatomiques

Perséite. $C^7H^9(OH)^7$. C'est un alcool heptatomique retiré des graines de l'avocatier (*Laurus persea*). Il donne des éthers heptacétique, heptanitrique.

FONCTION ALDEHYDE

Généralités

Les aldéhydes proviennent de l'oxydation ménagée des alcools primaires ou secondaires, qui perdent ainsi de l'hydrogène à l'état d'eau. Un alcool primaire fournit une aldéhyde primaire. Ex : l'alcool propylique normal $CH^3.CH^2.CH^2.OH$ fournira l'aldéhyde primaire

$$CH^3.CH^2.CHO$$

Le groupement (CHO) caractérise une aldéhyde primaire.

L'oxydation d'un groupement alcool secondaire fournit une *aldéhyde secondaire ou acétone*.

Ex. : L'alcool isopropylique $CH^3.CH.OH.CH^3$ fournira l'acétone ordinaire $CH^3.CO.CH^3$.

Le groupement (CO) caractérise la fonction acétone.

Propriétés générales des aldéhydes. — Toutes les aldéhydes régénèrent par hydrogénation l'alcool primitif correspondant.

L'oxydation des aldéhydes primaires fournit l'acide correspondant. Ex : L'aldéhyde ordinaire $CH^3 . CHO$ donne l'acide acétique $CH^3 . CO.OH$.

Les acétones par oxydation n'engendrent pas d'acide correspondant; elles donnent en général des acides plus simples, par suite du dédoublement de la molécule. Les aldéhydes primaires réduisent la liqueur de Fehling et le nitrate d'argent ammoniacal.

Elles sont résinifiées par les alcalis, en donnant des produits de condensation.

Les acides peuvent se combiner aux aldéhydes et donner ainsi les éthers des glycols correspondants. Ex : L'aldéhyde ordinaire réagissānt sur l'acide chlorhydrique donnera la monochlorhydrine du glycol

$$C^2H^4O + H\,Cl = CH^2\,CH \diagdown \begin{matrix} Cl \\ OH \end{matrix}$$

Les bisulfites (sulfites acides) donnent des éthers sulfureux insolubles qui caractérisent la fonction aldéhyde

$$\begin{matrix} CHO \\ | \\ CH^3 \end{matrix} + SO \diagdown \begin{matrix} O\,Na \\ OH \end{matrix} = CH \diagdown \begin{matrix} SO^3\,Na \\ OH \end{matrix} \atop | \atop CH^3$$

Ce composé bisulfitique régénère l'aldéhyde par ébullition avec l'eau acidulée ou alcaline. L'acide cyanhydrique s'unit aux aldéhydes en donnant des nitriles

$$CH^3 . CH\,O + C\,Az\,H = CH^3 . CH \diagdown \begin{matrix} CAz \\ OH \end{matrix}$$

L'ammoniaque donne avec les aldéhydes des combinaisons insolubles dans l'éther.

L'hydroxylamine $AzH^4.OH$ se combine à tous les corps aldéhydiques, avec élimination d'eau, aux dépens de l'oxygène du groupe CH). L'aldéhyde ordinaire $\begin{matrix} CHO \\ | \\ CH^3 \end{matrix}$ donnera l'aldoxine

$$CH.Az\,OH$$
$$|$$
$$CH^3$$

La phénylhydrazine donne des combinaisons en exerçant un phénomène de réduction dans les mêmes conditions. L'aldéhyde ordinaire fournira ainsi l'hydrazone

$$CH.\ Az.\ Az\,H.\ C^6\,H^5$$
$$|$$
$$CH^3$$

MODES DE FORMATION. I° En oxydant l'alcool correspondant

$$CH^3.CH^2.OH + O = H^2O + CH^3.CHO$$

2° En chauffant le sel de calcium de l'acide correspondant à cette aldéhyde, avec du formiate de chaux ; ce qui revient à réduire l'acide correspondant.

$$(CHO)^2Ca \ + \ (C^3H^5O)^2Ca = CO^3Ca \ + \ (C^3H^6O)$$

formiate de Ca   Propionate de Ca   aldéhyde propionique

3° Les acétones ou aldéhydes secondaires sont obtenues par distillation sèche des sels de calcium à acide homologue inférieur de cette aldéhyde.

$$(CH^3.COO)^2Ca \ = CO^3Ca + \ CH^3.CO.CH^3$$

acetate de Ca   acetone ordinaire

Aldéhydes primaires

Aldéhyde ordinaire $CH^3.CHO$

HISTORIQUE. — Découverte par Dœbereiner en 1821.

SYNTHÈSE. — En oxydant l'alcool de synthèse (Berthelot).

PRÉPARATION. — En oxydant l'alcool par le bichromate de potasse et l'acide sulfurique.

PROPRIÉTÉS PHYSIQUES. — Liquide incolore, d'une odeur suffocante, bouillant à 21° ($D = 0,80$) soluble en toutes proportions dans l'eau, l'alcool et l'éther.

PROPRIÉTÉS CHIMIQUES.— Elles se polymérise facilement au contact des acides, en donnant deux composés : 1° la paraldéhyde $(C^2H^4O)^3$ liquide peu soluble dans l'eau, soluble dans l'alcool et l'éther, employé en médecine au même titre que le chloral à la dose de 3 à 6 gr. par jour ; 2° la métaldéhyde $(C^2H^4O)^n$ solide, insoluble dans l'eau, très peu soluble dans le chloroforme et l'alcool.

Le chlore donne avec l'aldéhyde un composé trichloré, le chloral, $CCl^3.CHO$, mais que l'on produit difficilement directement.

Elle réduit le nitrate d'argent ammoniacal, en donnant un beau miroir. L'aldéhyde n'est pas toxique.

L'acide chlorhydrique, agissant sur l'aldéhyde, la soude à elle-même en donnant l'*aldol*.

Ce corps est important en raison de sa fonction mixte. La soudure a lieu de la façon suivante :

$$\begin{array}{cc} CH^3 & CH^3 \\ | & | \\ CHO & CH.OH \\ = & | \\ CH^3 & CH^2 \\ | & | \\ CHO & CHO \end{array}$$

Aldéhyde trichloré ou chloral $CCl^3.CHO$.

HISTORIQUE. — Découvert par Liebig en 1832.

PRÉPARATION. — Par l'action du chlore sur l'alcool absolu, refroidi à 0° d'abord, puis chauffé au bain-marie.

$$CH^3.CH^2.OH + 8Cl = CCl^3.CHO + 5HCl$$

PROPRIÉTÉS PHYSIQUES. — Liquide incolore d'odeur irritante bouillant à 99°.

PROPRIÉTÉS CHIMIQUES. — En présence des acides minéraux HCl et SO^4H^2, il donne un produit de condensation qui est solide, le métachloral.

Avec l'eau, il donne un hydrate

$$CCl^3.CH\left\langle\begin{array}{l} OH \\ OH \end{array}\right.$$

Avec les alcools, il donne des alcoolates de chloral cristallisés.

Hydrate de chloral. — Cet hydrate de chloral, obtenu par l'action de l'eau sur le chloral, est solide, cristallisé, très soluble dans l'eau, l'alcool et l'éther.

Il ne doit pas précipiter le nitrate d'argent ni décolorer le tournesol. Par l'action des alcalis, il donne du chloroforme pur et un formiate. Son administration à l'intérieur rend l'urine réductrice par suite de la formation d'acide urochloralique. On l'emploie comme calmant et narcotique à la dose de 1 gr., 50 à 2 gr., 50 par jour.

Bromal. — $CBr^3.CHO$. — Ce composé analogue au chloral est peu important, au point de vue médical. Il fournit également un hydrate par l'action de l'eau.

Aldéhydes secondaires ou acétones

Acétone ordinaire $CH^3.CO.CH^3$

FONCTION. — Aldéhyde de l'alcool propylique secondaire.

PRÉPARATION. — Par distillation fractionnée des produits pyrogénés du bois, bouillant de 50° à 60°.

PROPRIÉTÉS PHYSIQUES. — Liq. incolore, odeur éthérée bouillant à 56° $(D = 0,814)$ soluble dans l'eau en toutes proportions, ainsi que dans l'alcool et l'éther.

PROPRIÉTÉS CHIMIQUES. — L'hydrogène naissant donne de l'alcool isopropylique $CH^3.CO.CH^3 + H^2 = CH^3.CHOH.CH^3$.

Les oxydants donnent de l'acide formique et acétique suivant le mode général de dédoublement des acétones par oxydation. Le chlorure de chaux donne du chloroforme renfermant des produits toxiques $(CH^3.CO.CHCl^2)$

s'il n'est pas rectifié soigneusement. Le bisulfite de soude donne une combinaison cristallisée. Les déshydratants énergiques donnent du mésitylène (C^9H^{12}).

USAGES. — Pour dénaturer l'alcool et aussi comme dissolvant.

Sulfonal

Ce corps se rattache à l'acétone.

HISTORIQUE. — Découvert par Fischer.

PRÉPARATION. — On fait réagir l'acétone sur le mercaptan éthylique.

$$\begin{array}{c}CH^3 \\ CH^3\end{array}\!\!\Big\rangle CO + \begin{array}{c}HS.\,C^2H^5 \\ HS.\,C^2H^5\end{array} = \begin{array}{c}CH^3 \\ CH^3\end{array}\!\!\Big\rangle C\!\!\Big\langle\begin{array}{c}S.\,C^2H^5 \\ S.\,C^2H^5\end{array} + H^2O$$

On obtient ainsi du mercaptol qui, oxydé par une solution aqueuse de permanganate de potasse, donne le sulfonal.

$$\begin{array}{c}CH^3 \\ CH^3\end{array}\!\!\Big\rangle C\!\!\Big\langle\begin{array}{c}SO^2.C^2H^5 \\ SO^2.C^2H^5\end{array}$$

PROPRIÉTÉS PHYSIQUES. — Cristaux incolores prismatiques. Fond à 125°,5. Il est volatil sans résidu, peu soluble dans l'eau froide $\left(\dfrac{1}{500}\right)$ soluble dans l'alcool $\left(\dfrac{1}{65}\right)$ soluble dans l'éther $\left(\dfrac{1}{136}\right)$

PROPRIÉTÉS CHIMIQUES. — La solution aqueuse ne précipite pas par l'azotate de baryte. Le permanganate de potasse n'est pas décoloré immédiatement.

PROPRIÉTÉS PHYSIOLOGIQUES ET USAGES. — Hypnotique surtout indiqué dans l'insomnie nerveuse (1 à 2 grs.)

Les alcools à fonction mixte et les matières sucrées

Les corps à fonction alcoolique peuvent aussi se greffer d'une ou plusieurs autres fonctions. Ainsi, on connaît des alcools aldéhydes, comme l'*aldol* déjà signalé.

Les aldéhydes glycériques ou glycéroses, obtenues par oxydation de la glycérine par le noir de platine, possèdent encore 2 fois la fonction alcool et une fois la fonction aldéhyde ou acétone. Ces glycéroses sont réductrices et fermentent comme le glucose, sous l'influence de la levure de bière.

Les glucoses sont justement des corps possédant la fonction alcool plusieurs fois, ainsi que la fonction aldéhyde primaire ou secondaire. Ces glucoses donnent, par hydrogénation, les alcools correspondants. Le glucose se transforme ainsi en sorbite et la mannose en mannite :

Tous les alcools polyatomiques à fonction répétée ou à fonction mixte, ont une saveur sucrée. On appelle plus spécialement *matières sucrées* les corps alcools pentatomiques et hexatomiques à fonction aldéhydique ou non. Ces corps ont été reproduits par synthèse (E. Fischer). La glycérose peut se condenser, comme l'aldéhyde devenant aldol, et engendrer les *acroses* qu'on peut transformer en *fructose* ou *levulose*, puis en mannite. A l'aide de la phénylhydrazine, puis de l'action de HCl et ensuite de H^2 on opère ces transformations.

LES GLUCOSES

Glucose ordinaire. — $C^6H^{12}O^6$.

ETAT NATUREL. — Dans le sang, dans le miel, dans la sève des végétaux.

FONCTION. — Alcool pentatomique aldéhydique $CH^2OH. (CHOH).^4CHO$.

PRÉPARATION. — En hydratant l'amidon par l'acide sulfurique étendu.

$$(C^6H^{10}O^5)n + nH^2O = nC^6H^{12}O^6$$

On peut le retirer encore du miel qui est un mélange de glucose et de lévulose.

PROPRIÉTÉS PHYSIQUES. — Il cristallise en choux-fleurs mamelonnés. Il est généralement à l'état de sirop (sirop de fécule), soluble dans l'eau, insoluble dans l'alcool absolu. Pouvoir rotatoire à droite $\alpha j = + 57°,6$.

PROPRIÉTÉS CHIMIQUES. — L'hydrogénation par l'amalgame de sodium donne la sorbite. Les alcalis en solution donnent avec le concours de l'air et à chaud une coloration jaune, qui devient brune suivant la richesse en glucose.

Le glucose réduit la liqueur cupro-potassique, le nitrate d'argent, le nitrate de bismuth en présence de la potasse. Il fermente sous l'influence de la levure de bière en donnant de l'alcool, de l'acide carbonique, de la glycérine, de l'acide succinique, etc.

Le glucose se combine avec le chlorure de sodium en donnant une combinaison cristallisée $2(C^6H^{12}O^6, NaCl) + H^2O$.

Usages. — Il est utilisé dans la liquoristerie et la confiserie.

Lévulose ou fructose $C^6H^{12}O^6$

Etat naturel : dans le miel, les fruits, etc.

Fonction. — Alcool pentatomique acétonique CH^2. $OH. (CH. OH)^3. CO. CH^2.OH$.

Préparation. — 1° Par hydratation de l'inuline $(C^6H^{10}O^5)^n + n\ H^2O = n\ C^6H^{12}O^6$.

2° En traitant le miel par l'alcool qui ne dissout pas le glucose.

P. physiques. — Il peut cristalliser, quoique généralement incristallisable. Il est très soluble dans l'eau et l'alcool. Lèvogyre $\alpha j = -106°$. Il offre les mêmes réactions que le glucose. L'hydrogène naissant donne l'alcool correspondant la mannite.

Galactose $C^6H^{12}O^6$

Fonction. — Alcool pentatomique aldéhydique.

PRÉPARATION. — Par hydratation de la lactose du sucre de lait.

$$C^{12}H^{22}O^{11} + H^2O = C^6H^{12}O^6 + C^6H^{12}O^6$$
$$\text{sucre de lait} \qquad \text{glucose} \qquad \text{galactose}$$

P. PHYSIQUES. — Prismes fusibles à 142° — 144°, peu soluble dans l'eau froide, insoluble dans l'alcool éther. Dextrogyre $\alpha j = + 83°,3$.

P. CHIMIQUES. — Propriétés analogues aux glycoses. Il donne, par hydrogénation, de la dulcite, alcool hexavalent ; par oxydation avec l'acide azotique, il donne de l'acide mucique, ce que ne fait pas le glucose.

Sorbinose

La sorbinose est un glucose (alcool pentavalent acétonique) retiré des baies du sorbier. L'hydrogénation donne de la sorbite.

LES SACCHAROSES

Les saccharoses proviennent de la combinaison de deux ou plusieurs molécules de *glucose* avec élimination d'eau. Ces saccharoses sous l'influence des acides étendus s'hydratent et donnent les glucoses dont elles dérivent.

Pour distinguer ces biglucoses, on les appelle des *bioses* dans la nomenclature actuelle. On appelle *trioses* ceux qui résultent de la soudure de trois molécules du glucose, comme la mélitose et la mélézitose $C^{18} H^{32} O^{16}$, avec élimination de deux molécules d'eau.

Saccharose ordinaire $C^{12}H^{22}O^{11}$

ETAT NATUREL. — Elle existe dans les fruits mûrs, la tige de la canne à sucre, la racine de la betterave à sucre.

FONCTION. — Anhydride de glucose et de fructose possèdant huit fois la fonction alcool.

PRÉPARATION. — On la retire de la canne à sucre et aussi de la betterave.

P. PHYSIQUES. —Prismes clinorhombiques $(D = 1,60)$ se dissolvant dans la moitié de son poids d'eau froide, solubles dans l'alcool étendu, insolubles dans l'alcool absolu et l'éther. Dextrogyre $\alpha j = + 73°8$. Elle fond à 160° (sucre d'orge) puis se décompose plus haut en donnant du *caramel* qui sert de colorant dans la liquoristerie.

P. CHIMIQUES. — Les acides étendus l'hydratent et donnent un mélange de glucose et de fructose ou lévulose.

$$C^{12}H^{22}O^{11} + H^2O = \underset{\text{glucose}}{C^6H^{12}O^5} + \underset{\text{fructose}}{C^6H^{12}O^6}$$

Le mélange de ces deux sucres est lévogyre, la fructose déviant plus à gauche que la glucose ne dévie à droite. C'est ainsi que la saccharose dextrogyre est dite *intervertie*, en se transformant en ces deux sucres.

Elle ne fermente qu'après avoir été intervertie par les acides étendus ou par l'*invertine* de la levure de bière. Elle ne réduit pas la liqueur de Fehling et ne brunit pas les alcalis. L'eau sucrée dissout de grandes quantités de chaux : il se forme du sucrate de chaux très peu soluble dans l'eau bouillante mais soluble dans l'eau froide.

Usages. — Il entre dans l'alimentation. Il sert en pharmacie à fabriquer les sirops, pastilles, etc.

Maltose $C^{12}H^{22}O^{11}$

Historique. — Découvert par Dubrunfaut.

Fonction. — Alcool polyatomique aldéhydique.

Préparation. — On fait agir la diastase sur l'amidon, il se forme du maltose et de la dextrine

$$n\,(C^{18}H^{30}O^{15}) + n\,H^2O = n\,(C^{12}H^{22}O^{11} + C^6H^{10}O^5)$$
$$\text{amidon} \qquad\qquad\qquad \text{maltose} \qquad \text{dextrine}$$

P. physiques. — Prismes rhomboïdaux solubles dans l'eau, peu solubles dans l'alcool, insolubles dans l'éther. Dextrogyre, $\alpha j = +\,139°,3$

P. chimiques. — Il fermente directement. Les acides dilués donnent deux molécules de glucose.

$$C^{12}H^{22}O^{11} + H^2O = 2\,C^6H^{12}O^6$$

Il réduit directement la liqueur de Fehling, mais non l'acétate de cuivre, ce qui permet de le séparer du glucose.

Lactose ou sucre de lait $C^{12} H^{22} O^{11}$

ETAT NATUREL. — Il existe normalement dans le lait des mammifères et dans le suc d'un arbre, le sapotillier.

HISTORIQUE. — Découvert par Fabrizio Bartoletti (1619).

FONCTION. — Alcool polyatomique aldéhydique.

PRÉPARATION. — On le retire par évaporation du petit lait.

P. PHYSIQUES. — Prismes renfermant une molécule d'eau, solubles dans six parties d'eau froide et deux d'eau bouillante. Insoluble dans l'alcool et l'éther. Dextrogyre.

P. CHIMIQUES. — Les acides étendus l'hydratent, en le dédoublant en glucose et galactose.

USAGES. — Employé en médecine comme diurétique.

LES GLUCOSIDES

Les glucosides sont des substances renfermées dans le règne végétal et animal, qui possèdent la propriété de se décomposer sous l'influence des ferments ou des acides étendus en glucose et d'autres composés. Ainsi l'AMYGDALINE $C^{20}H^{27}AzO^{11}$, qui existe dans les noyaux de cerise, amandes, pêches, se dédouble, sous l'influence de l'*émulsine* contenue dans les amandes amères, en acide cyanhydrique, aldéhyde benzylique et glucose

$$C^{20}H^{27}AzO^{11} + 2H^2O = CAzH + C^7H^5OH + 2\ C^6H^{12}O^6$$

amygdaline   acide   aldéhyde   glucose
prussique   benzylique

Le MYRONATE DE POTASSE contenu dans la moutarde noire donne par dédoublement, sous l'influence d'un ferment, *la myrosine*, du glucose, de l'essence de moutarde ou sulfocyanure d'allyle, et du sulfate acide de potasse. L'eau bouillante et les acides empêchent le dédoublement du myronate de potasse en coagulant le ferment.

La SALICINE $C^{13}H^{18}O^7$, retirée de l'écorce de saule, se dédouble en saligénine et glucose.

La DIGITALINE retirée de la digitale est un glucoside se dédoublant en *digitalirétine* et *glucose*.

L'ESCULINE de l'écorce du marronnier d'Inde se dédouble en glucose et esculétine.

L'ARBUTINE de l'*Arctostaphylos uva ursi* se dédouble en glucose et hydroquinone.

La CONIFÉRINE se dédouble en glucose et alcool coniférylique. On la trouve dans la cambium du *Larix europea*.

La SOLANINE se dédouble en glucose et solanidine. Elle existe en abondance dans les germes de pommes de terre.

La PHLORIZINE des écorces de poirier, pommier, cérisier, prunier, se dédouble en glucose et phlorétine.

LES DEXTRINES

Les dextrines sont des anhydrides polyglucosiques. Plusieurs molécules de glucose peuvent perdre de l'eau par leur combinaison mutuelle pour former des polyglucosides.

C'est ainsi que les saccharoses sont des diglucosides et triglucosides. Il peut exister des polyglucosides plus élevés. Ces polyglucosides peuvent encore perdre de l'eau et se transformer en anhydrides, par soudure de deux groupements alcooliques voisins dans la molécule.

Les dextrines, les matières amylacées les celluloses sont ainsi des anhydrides de polyglucosides.

Tous ces corps sont appelés *hydrates de carbone*. Ils Ils correspondent tous à la formule $C^6H^{10}O^5$, un certain nombre de fois. Ce sont en réalité des polymères de $C^6H^{10}O^5$.

Les dextrines sont des polymères moins élevés que l'amidon, et ce dernier moins élevé que la cellulose.

Or dans la formule $C^6H^{10}O^5$, 6 de carbone sont unis à $5H^2O$, de là le nom d'hydrate de carbone, bien que cette détermination courante n'ait pas de valeur au point de vue de la constitution de ce corps.

Musculus et Grimaux ont obtenu synthétiquement une dextrine en chauffant une solution alcoolique de glucose avec un acide concentré

$$C^6H^{12}O^6 - H^2O = C^6H^{10}O^5$$

5

La dextrine du commerce est un mélange de plusieurs dextrines différenciées par Musculus.

PRÉPARATION. — En torréfiant la fécule, on obtient la dextrine ou léiocome; on la prépare aussi en hydratant, par $\frac{1}{500}$ d'acide azotique, la fécule chauffée vers 110^0.

P. PHYSIQUES. — Masse amorphe, très soluble dans l'eau; insoluble dans l'alcool et l'éther.

P. CHIMIQUES. — Elle n'est précipitée par l'acétate de plomb qu'en présence de l'ammoniaque. La diastase, ainsi que les acides étendus donnent par hydratation du glucose. Les gommes solubles s'en distinguent parce qu'elles précipitent par le sous-acétate de plomb.

USAGES. — Utilisée comme épaississant dans l'impression des étoffes, et dans les apprêts.

Amidon $(C^6H^{10}O^5)^n$

ETAT NATUREL. — Très répandu dans le règne végétal. Il a une forme microscopique spéciale suivant la plante qui l'a fourni.

FONCTION. — L'amidon est un hydrate de carbone pouvant être considéré comme un anhydride polyglucosique.

PRÉPARATION. — On l'extrait des pommes de terre (fécule) ou de la farine de blé (amidon), par l'action d'un courant d'eau qui entraîne l'amidon.

P. PHYSIQUES. — Masse amorphe, subissant un retrait en se desséchant, et se fendillant (amidon en aiguilles), insoluble dans l'eau froide; se gonflant dans l'eau chaude, en donnant l'empois; insoluble dans l'alcool et l'éther. Sous l'influence du chlorure de zinc ou de l'acide sulfurique, il se transforme en amidon soluble, déviant à droite le rayon de la lumière polarisée. La potasse en solution forme un empois avec l'amidon.

P. CHIMIQUES. — L'iode libre, à froid, forme une combinaison, bleu intense, disparaissant momentanément par la chaleur. Les acides étendus l'hydratent et donnent de la dextrine, puis du glucose. L'amidon donne un dérivé nitré, la xyloïdine.

USAGES. — Il est utilisé dans l'apprêt des étoffes et du papier.

Glycogène

HISTORIQUE. — Découvert par Claude Bernard dans le foie.

PRÉPARATION. — La foie d'un animal tué en pleine digestion est traité par l'acide acétique étendu. La solution précipitée par l'alcool donne le glycogène impur qu'on fait bouillir avec la potasse, qu'on redissout dans l'eau et qu'on précipite à nouveau par l'alcool.

P. PHYSIQUES. — Masse blanche, amorphe, soluble dans l'eau.

P. CHIMIQUES. — Les acides dilués, la diastase, un ferment du foie, le transforment en glucose. Il ne réduit pas la liqueur cupropotassique et est coloré en rouge vineux par l'iode.

Inuline

C'est un amidon particulier qui existe dans l'aunée, le dahlia et les topinambours. Il est soluble dans l'eau chaude et devient à gauche le rayon de la lumière polarisée.

Cellulose $(C^6H^{10}O^5)^n$

CONSTITUTION. — C'est un polymère de l'amidon.

PRÉPARATION. — On traite le coton, charpie, moëlle de sureau par les alcalis et acides étendus, puis par le chlore et enfin par l'alcool et l'éther. Le résidu constitue la cellulose à peu près pure.

PROPRIÉTÉS. — Substance amorphe inattaquable par les carbonates alcalins et les acides étendus. Les alcalis gonflent la cellulose sans la dissoudre. Elle se dissout dans le réactif de Schweitzer (solution d'oxyde de cuivre dans l'ammoniaque). L'acide sulfurique concentré, étendu de son volume d'eau transforme le papier en *parchemin végétal.* Bouillie avec l'acide sulfurique étendu, la cellulose se transforme en glucose (*sucre de chiffon*). L'acide nitrique fumant donne des celluloses nitrées, appelées *coton poudre*, qui sont très employées comme explosifs brisants. Un de ces dérivés nitrés se dissout dans un mélange d'alcool et d'éther, et constitue le *collodion*. Le coton poudre comprimé avec du camphre imbibé d'alcool donne le *celluloïd*, employé pour remplacer la corne ou l'écaille et même l'ivoire. Ce celluloïd brûle très facilement avec vivacité.

Le collodion, par un traitement mécanique spécial, peut s'étirer en fils soyeux ; il constitue alors la *soie artificielle,* rendue peu combustible par un traitement spécial.

La cellulose, comme d'ailleurs les autres hydrates de carbone et les sucres, donne de l'acide oxalique, bouillie avec l'acide nitrique plus ou moins dilué.

Usages. — A l'état de bois, employé comme combustible et à différents usages. Il sert à faire le coton poudre, celluloïd et les poudres sans fumée qui sont des celluloses nitrées. Le collodion est employé en photographie, et en médecine comme protecteur (collodion élastique renfermant un peu d'huile de ricin).

LES ACIDES

On nomme généralement *acides organiques* des corps qui proviennent des alcools et qui sont caractérisés par un carboxyle CO.OH. En fait, deux atomes d'hydrogène de l'alcool sont remplacés par un d'oxygène.

$$CH^3.CH^2.OH + O^2 = H^2O + CH^3.CO.OH$$

alcool ordinaire   acide acétique

Dans le carboxyle COOH, l'hydrogène, voisin de CO^2, est ce que l'on appelle négatif, c'est-à-dire remplaçable par des métaux. Ce caractère négatif de l'hydrogène qui influe sur la fonction dite *acide* du corps, peut se retrouver dans beaucoup de substances organiques par suite du voisinage d'autres groupements. CAz, CO, AzO^2, SO^3 etc.

L'acide cyanhydrique $CAzH$, l'acide picrique, la benzine sulfonée, etc., sont aussi de véritables acides, qui seront décrits avec les corps dont ils dérivent immédiatement.

La propriété caractéristique des acides est la facilité avec laquelle ils échangent cet atome d'hydrogène négatif contre un atome de métal, pour donner des sels.

Ils se combinent aussi aux alcools avec élimination d'eau pour donner des *éthers* :

$$CH^3.CH^2.OH \;+\; CH^3.CO.OH \;=\; H^2O \;+\; C^2H^5.O.(C^2H^3O)$$

alcool ordinaire   acide acétique   éther acétique

Les éthers régénèrent, par hydratation, l'alcool et l'acide dont ils dérivent.

Au contact du perchlorure de phosphore, les acides remplacent leur oxhydryle par un atome de chlore

$$C^2H^3O.OH + PCl^5 \;=\; POCl^3 \;+\; C^2H^3O.Cl$$

acide acétique   Oxychlorure de P.   chlorure d'acétyle

Ces chlorures d'acides peuvent réagir sur les sels d'acides organiques et donner des *anhydrides d'acides*.

$$C^2H^3O.Cl + C^2H^3O.O\,Na = NaCl + \begin{matrix} C^2H^3O \\ C^2H^3O \end{matrix}\!\!\Big>O$$

L'eau décompose ces anhydrides d'acides. Ces derniers donnent avec l'ammoniaque des *amides*, fonction nouvelle. Les sels de calcium des acides organiques, chauffés avec un excès de chaux donnent des carbures saturés ; sans excès de chaux, on a des acétones.

MODES DE FORMATION. — 1° Par oxydation, des hydro-carbures ou des alcools primaires ou de leurs aldéhydes

$$CH^3.CH^2.\ OH + O^2 = H^2O + CH^3.CO.OH$$
$$\text{alcool} \qquad\qquad\qquad\qquad \text{acide acétique}$$

2° Par fixation d'acide carbonique sur les composés organo-métalliques du carbure homologue inférieur.

$$CH^3K + CO^2 = CH^3.CO^2K$$
$$\text{formène potasse} \qquad \text{acétate potasse}$$

3° Par saponification des nitriles

$$CH^3CAz + 2H^2O = CH^3.\ CO.O\,(Az\ H^4)$$
$$\text{acéto nitrile} \qquad\qquad \text{Acétate d'ammonium}$$

Acide formique H.COOH

HISTORIQUE. — Découvert par Scheele en 1760, dans les fourmies rouges.

SYNTHÈSE. — 1° Par l'oxyde de carbone et la potasse à 100°

$$CO + KOH = H.COOK$$

2° Par la potasse et l'acide cyanhydrique, en présence de l'eau.

$$CHAz + KOH + H^2O = AzH^3 + CO^2KH$$

Préparation. — En chauffant la glycérine avec l'acide oxalique et recueillant ce qui passe vers 100°

On l'obtient pur et cristallisable, en décomposant le formiate de plomb par l'hydrogène sulfuré.

P. physiques. — Liquide incolore d'une odeur piquante, il cristallise à 0° et fond à 8°,6 $(D = 1,22)$ et bout à 104°.

P. chimiques. — Les déshydratants, acide sulfurique concentré, le décomposent en donnant de l'oxyde de carbone.

$$CH^2O^2 = H^2O + CO$$

C'est un réducteur puissant. Il réduit les sels de cuivre et d'argent. Il fait passer le sublimé corrosif à l'état de calomel. Il fournit des sels bien cristallisés. Le formiate de plomb est peu soluble dans l'eau froide, soluble dans l'eau bouillante.

Acide acétique $CH^3.COOH$

Synthèse. — Par saponification de l'acétonitrile

$$CH^3CAz + KOH = H^2O + AzH^3 + CH^3.CO.OK$$

On le prépare synthétiquement, plus simplement encore en faisant réagir l'anhydride carbonique sur le potassium méthyle.

PRÉPARATION. — On l'extrait des produits de la distillation du bois (acide pyroligneux). On le produit encore par l'oxydation de l'alcool par le *mycoderma vini* (vinaigre ou acide acétique étendu).

PROPRIÉTÉS PHYSIQUES. — Liquide incolore solide au-dessous de 16°, d'une odeur et d'une saveur caractéristique. Il bout à 118° (D. $= 1,06$). Il se contracte en se dissolvant dans l'eau. Il est soluble dans l'alcool et l'éther.

P. CHIMIQUES. — Le chlore et le brôme donnent des produits de substitution chlorés ou bromés.

$$CH^3.CO.OH + 3\,Cl^2 = 3\,HCl + CCl_3.CO.OH$$
acide trichloracétique

Le perchlorure de phosphore donne du chlorure d'acétyle.

$$CH^3.CO.OH + PCl^5 = POCl^3 + CH^3.CO.Cl$$

Ce chlorure d'acétyle réagissant sur l'acétate de soude donne l'anhydride acétique déjà cité.

L'anhydride acétique n'est pas un acide, il le devient, en s'hydratant au contact de l'eau.

L'acide acétique fournit des sels employés en médecine.

ACÉTATE D'AMMONIUM. — On l'obtient en saturant d'ammoniaque, l'acide acétique cristallisable (*Esprit de Mindérerus*). C'est une masse cristalline soluble dans l'eau et l'alcool. Chauffé il donne de l'acétamide

$$CH^3.CO.OAzH^4 = H^2O + CH^3.CO.AzH^2$$

ACÉTATE DE POTASSE OU TERRE FOLIÉE DE TARTRE. $C^2H^3O^2K$. On l'obtient en saturant l'acide acétique par le carbonate de potasse et concentrant. Il est déliquescent, soluble dans l'eau et l'alcool.

Employé comme diurétique.

ACÉTATE DE SODIUM. $C^2H^3O^2Na + 3\,H^2O$. On l'obtient avec le carbonate de soude et l'acide acétique.

Il cristallise en aiguilles fondant vers 90° et perdant ensuite les deux molécules d'eau. Très soluble dans l'eau et l'alcool.

ACÉTATE DE CUIVRE. Deux acétates, l'un neutre, l'autre basique.

ACÉTATE NEUTRE DE CUIVRE, CRISTAUX DE VÉNUS, VERDET CRISTALLISÉ. $(C^2H^3O^2)^2\,Cu + H^2O$. On l'obtient en dissolvant l'acétate basique dans l'acide acétique.

PROPRIÉTÉS. — Prismes clinorhombiques, peu solubles dans l'eau froide et l'alcool, très solubles dans l'eau bouillante. Calciné dans une cornue il donne du cuivre et du vinaigre radical.

ACÉTATE BASIQUE DE CUIVRE (VERDET DE MONTPELLIER). $(C^2H^3O^2)^2Cu, CuO^2H^2 + 5\,H^2O$. On le prépare par l'action du marc de raisin sur des lames de cuivre. Il sert à faire le vert de Schweinfurt $(C^2H^3O^2)^2Cu, 3\,As^2O^4Cu)$ qui est acéto-arsénite de cuivre.

ACÉTATE NEUTRE DE PLOMB, SEL DE SATURNE $(C^2H^3O^2)^2$ $Pb + 3\,H^2O$.

PRÉPARATION. — En saturant l'acide acétique par la litharge.

PROPRIÉTÉS. — Prismes brillants s'effleurissant à l'air, d'une saveur astringente et sucrée (sucre de Saturne). Il se dissout dans la moitié de son poids d'eau bouillante.

Il fond à 75°. Il dissout la litharge en donnant des acétates basiques $(C^2H^3O^2)^2 Pb + 2\ PbO$; $(C^2H^3O^2)^2Pb, 3\ PbO$, dont la solution constitue l'*extrait de Saturne* ou sous-acétate de plomb. Les acétates de plomb précipitent les chlorures et les sulfates des eaux ordinaires en donnant une solution laiteuse qui est l'*eau blanche*.

L'acétate basique de plomb sert à fabriquer la céruse (Procédé de Clichy).

Ether acétylacétique

HISTORIQUE. — Découvert par Geuther.

PRÉPARATION. — On traite l'éther acétique par le sodium, il se fait l'éther sodacétique.

$$2(CH^3.CO^2.C^2H^5) + Na^2 = 2(CH^2Na.CO^2C^2H^5) + H^2$$

et l'on traite le produit par l'anhydride acétique ou le chlorure d'acétyle.

$$CH^3COCl + CH^2Na.CO^2C^2H^5 = NaCl + CH^3.CO.CH^2CO^2C^2H^5$$
chlorure d'acétyle   éther acétylacétique

Propriétés. — Liquide incolore bouillant à 182° peu soluble dans l'eau. Il fournit des dérivés avec les métaux. Avec la phénylhydrazine il donne une hydrazone qui se transforme en *antipyrine* par l'action de la soude (Knorr).

Acide propionique $C^3H^6O^2$

C'est un corps peu important au point de vue médical. Il est soluble dans l'eau et ses sels ressemblent aux acétates.

Acide butyrique $C^4H^8O^2$

Etat naturel. — A l'état d'éthers de la glycérine, dans le beurre et dans l'essence d'Héracleum.

Synthèse. — Par le cyanure de propyle et la potasse

$$C^3H^7CAz + KOH + H^2O = AzH^3 + C^3H^7.COOK$$
butyrate de K.

Préparation. — Par fermentation du glucose en solution neutre avec du carbonate de chaux et du vieux fromage.

$$C^6H^{12}O^6 = C^3H^7.CO.OH + 2\,CO^2 + 2\,H^2$$

Propriétés. — Liquide huileux, incolore, peu soluble dans l'eau, plus soluble dans l'alcool et l'éther. Son odeur est acide et désagréable. Densité $= 0,988$ à $0°$. Il bout à $163°$.

On connait un isomère, l'acide isobutyrique.

Acide palmitique $C^{16}H^{32}O^2$

Aiguilles fusibles à $62°$, soluble dans l'alcool et dans l'éther, insoluble dans l'eau. Existe mélangé avec les autres acides gras avec toutes les graisses végétales et animales.

Acide margarique $C^{17}H^{34}O^2$

A été préparé artificiellement par Heintz, en faisant réagir le cyanure de potassium sur l'iodure de cétyle, puis saponifiant le nitrile par la potasse.

Fond à $59°,9$

Il avait été trouvé, soit disant, dans les graisses par Chevreul. On a reconnu que ce prétendu acide margarique était un mélange d'acide palmitique et d'acide stéarique.

Acide stéarique $C^{18}H^{36}O^2$

HISTORIQUE. — Découvert par Chevreul en 1814

ÉTAT NATUREL. — Dans les graisses, suifs de mouton et de bœuf à l'état d'éther tristéarique de la glycérine.

PRÉPARATION. — On saponifie le suif par la chaux ou l'acide sulfurique, ou par l'eau seule, surchauffée sous pression. On décompose le stéarate de chaux formé par l'acide sulfurique étendu. On purifie par compression, pour séparer l'acide oléique liquide.

Propriétés. — Solide, fondant à 75°. Insoluble dans l'eau, soluble dans l'alcool bouillant.

Usages. — Employé pour faire des bougies.

Acide oléique $C^{18}H^{34}O^2$

Fonction. — C'est un acide provenant d'un carbure non saturé.

Préparation. — On le retire des résidus de la préparation de l'acide stéarique.

Propriétés. — Il fond à 14°. Il est insoluble dans l'eau, soluble dans l'alcool et l'éther.

ACIDES POLYBASIQUES

Certains corps peuvent posséder la fonction *acide* plusieurs fois, c'est-à-dire qu'ils peuvent échanger plusieurs atomes d'hydrogène avec des métaux, en donnant des sels. Ces acides sont dits polybasiques. Ils échangent d'abord un atome d'hydrogène contre un atome de métal. On aura ainsi des sels acides. L'acide sulfurique bibasique donne ainsi les sels acides $SO^2\begin{cases} OM \\ OH \end{cases}$

De même l'acide succinique bibasique donnera des succinates acides $C^2H^4\Big\langle\begin{array}{l}COOH\\COOM\end{array}$. Puis il donne des sels neutres en échangeant tous leurs hydrogènes acides. Il y a des acides tribasiques, hexabasiques même. On en conçoit d'une basicité plus élevée encore. Ils peuvent également donner des éthers par combinaison avec autant de molécules d'alcool qu'il y a de fois la fonction acide.

Les acides polybasiques dérivent de l'oxydation des alcools polyvalents correspondants.

Le glycol $CH^2.OH. CH^2.OH$ possédant deux fois la fonction alcool pourra donner un acide bibasique correspondant qui est l'acide oxalique $CO.OH. CO.OH$.

L'érythrite

$$
\begin{array}{l}
CH^2.\,OH\\
|\\
CH.\,OH\\
|\\
CH.\,OH\\
|\\
CH^2.\,OH
\end{array}
$$

donne ainsi l'acide tartrique :

$$
\begin{array}{l}
CO.\,OH\\
|\\
CH.\,OH\\
|\\
CH.\,OH\\
|\\
CO.\,OH
\end{array}
$$

Les acides polybasiques possèdent les mêmes propriétés générales que les acides monovalents.

Acide oxalique $C^2H^2O^4, 2H^2O$

HISTORIQUE. — Découvert par Bergmann en 1776 en oxydant le sucre, puis par Scheele en 1784 dans l'oseille.

SYNTHÈSE. — Par oxydation du glycol et oxydation de l'acétylène

$$C^2H^2 + O^4 = C^2H^2O^4$$

PRÉPARATION. — 1° En oxydant les mélasses par l'acide azotique. 2° En chauffant la sciure de bois avec un mélange de potasse et de soude fondante.

$$C^6H^{10}O^5 + 6\ NaOH + H^2O = 3\ C^2O^4Na^2 + 9\ H^2$$
cellulose   oxalate neutre de K

P. PHYSIQUES. — Prismes renfermant deux molécules d'eau. Il fond à 98°, et se sublime vers 150°, en se décomposant partiellement. Il est soluble dans l'eau et l'alcool.

P. CHIMIQUES. — Les déshydratants, acide sulfurique concentré donnent à chaud de l'oxyde de carbone et de l'acide carbonique. Avec la glycérine, on obtient de l'acide formique.

Il réduit le chlorure d'or.

USAGES. — Il sert à préparer le sel d'oseille ou oxalate

acide de potasse. Il est aussi employé en teinture. Il
sert à décaper les métaux et à enlever les taches de
rouille. Il est toxique.

Oxalates

L'acide oxalique, étant bibasique, peut donner deux
séries de sels; 1° les oxalates acides COOH, COOM
renfermant encore un hydrogène négatif remplaçable
par un métal; 2° les oxalates neutres COOM. COOM.

OXALATE NEUTRE DE POTASSIUM. — $C^2O^4K^2 + H^2O$. On
l'obtient en neutralisant exactement l'acide oxalique
par la potasse. Il est soluble dans l'eau.

On l'emploie en photographie pour former de l'oxalate ferreux qui est un réducteur énergique.

OXALATE ACIDE DE POTASSIUM. — $C^2O^4HK + H^2O$. On le
prépare en ajoutant à de l'oxalate neutre formé comme
ci-dessus, une égale quantité d'acide oxalique.

Le sel d'oseille est un mélange d'oxalate acide de
potasse et de quadroxalate $C^2O^4KH, C^2H^2O^4, 2H^2O$.

OXALATE D'AMMONIUM. — Ce sel, soluble dans l'eau, est
utilisé comme réactif des sels de chaux, car l'oxalate
de chaux est insoluble dans l'eau et l'acide acétique.

OXALATE FERREUX. — $C^2O^4Fe + 2H^2O$. Poudre jaune
peu soluble dans l'eau, se décomposant par la chaleur
en donnant du fer pyrophorique. C'est un réducteur
énergique.

Acide malonique $CO_2H . CH_2 . CO_2H$

Synthèse. — Par la saponification de l'acide cyanacétique.

Propriétés. — Il fond à 132°. Soluble dans l'eau et l'alcool.

Acide succinique $CH_2 . COOH$
$$CH_2 . COOH$$

Historique. — Découvert par Agricola (1550) dans la distillation de l'ambre jaune.

Synthèse. — En saponifiant le dicyanure d'éthylène par la potasse.

$$C_2H_4 \Big\langle {CAz \atop CAz} + 2\,KHO + 2\,H_2O = C_2H_4 \Big\langle {COO\,K \atop COO\,K} + 2\,AzH_3$$

Préparation. — Par fermentation du malate de calcium et surtout par distillation du succin ou ambre jaune.

P. physiques. — Prismes incolores, solubles dans l'eau, moins solubles dans l'alcool. Il fond à 180° et bout à 235° en se dédoublant partiellement en eau et anhydride succinique.

P. CHIMIQUES. — Chauffé avec un excès de chaux, il donne de l'éthane C^2H^6. Le brome donne des acides mono et dibromosuccinique $C^4H^5BrO^4$ et $C^4H^4Br^2O^4$ (Kékulé).

L'acide succinique est bibasique ; les succinates alcalins sont seuls solubles. Le succinate ferrique est particulièrement insoluble et sert à distinguer le fer du manganèse.

ACIDES A FONCTION MIXTE

Les acides organiques peuvent se greffer de plusieurs autres fonctions. Si nous prenons le glycol $CH^2OH.CH^2OH$, en l'oxydant complètement, nous avons un acide bibasique, l'acide oxalique $COOH.COOH$; mais l'oxydation, portant seulement sur un seul des groupements CH^2OH, donnera un acide alcool, l'acide glycolique $CHOH.COOH$. Les acides alcools possèdent les propriétés des acides et des alcools ; ils peuvent s'éthérifier par leur groupement alcoolique pour donner des éthers ; ils peuvent également échanger l'hydrogène de leur carboxyle contre des métaux.

Certains acides à fonction mixte peuvent posséder également la fonction aldéhyde.

Acide malique $C^4H^6O^5$

ÉTAT NATUREL. — Dans les fruits verts, les tiges de rhubarbe.

FONCTION. — Acide bibasique et monoalcoolique.

SYNTHÈSE. — En saponifiant l'acide monobromosuccinique par l'oxyde d'argent et l'eau.

$$2(COOH.CHBr.CH^2.COOH) + Ag^2O + H^2O = 2\,Ag\,Br + 2(COOH.CHOH.CH^2.COOH)$$

Acide malique

PRÉPARATION. — On le retire des baies du sorbier par la méthode de Scheele en le transformant en malate de plomb insoluble et le décomposant par l'hydrogène sulfuré.

P. PHYSIQUES. — Aiguilles déliquescentes solubles dans l'eau et l'alcool, lévogyre. Celui de synthèse est inactif par compensation. Il fond à 100°.

P. CHIMIQUES. — Il se décompose à 180°. L'acide chlorhydrique concentré donne de l'acide succinique. L'eau de chaux ne le précipite pas.

Acide tartrique $C^4 H^6 O^6$

$$\begin{array}{c} CO.OH \\ | \\ CH.OH \\ CH.OH \\ | \\ CO.OH \end{array}$$

HISTORIQUE. — Découvert par Scheele dans le tartre des vins.

FONCTION. — Acide bibasique dialcoolique.

SYNTHÈSE. — 1° En saponifiant l'acide dibromosuccinique par l'oxyde d'argent et l'eau.

$$CO\,OH.\,CH\,Br.\,CH\,Br.\,CO\,OH + Ag^2 + H^2O =$$
$$CO\,OH.\,CHOH.\,CHOH.\,CO\,OH + 2\,Ag.\,Br.$$

2° En saponifiant le nitrile tartrique obtenu avec le glyoxal et l'acide cyanhydrique.

PRÉPARATION. — On le retire du tartre des vins ou bitartrate de potasse impur. On traite par le carbonate de chaux qui donne du tartrate de chaux insoluble et du tartrate neutre de potassium. On ajoute du chlorure de calcium qui fait la double décomposition avec le tartrate neutre potassique en donnant encore du tartrate de chaux insoluble. Ce tartrate de chaux recueilli et lavé est ensuite décomposé par l'acide sulfurique.

PROPRIÉTÉS PHYSIQUES. — L'acide tartrique existe sous plusieurs modifications, ayant la même formule chimique, mais différant par leur forme cristalline, leur pouvoir rotatoire et la solubilité de leurs sels. Ce sont l'*acide tartrique droit* ordinaire, dextrogyre, l'*acide gauche*, lévogyre, l'*acide racémique* formé par la combinaison des acides droit et gauche. Cet acide racémique est inactif sur la lumière polarisée, par compensation. Enfin on distingue l'acide *tartrique inactif* non dédoublable en acides droit et gauche. Ces acides sont susceptibles de se transformer les uns dans les autres simplement sous l'influence de la chaleur. A 175°, en présence de l'eau, l'acide tartrique droit donne l'acide racémique dédoublable en acide droit et en acide gauche. A 160° il se fait de l'acide inactif|non dédoublable.

L'*acide tartrique droit* cristallise en prismes rhomboïdaux obliques. Il est très soluble dans l'eau, moins dans l'alcool. Il fond à 180° et se décomposant au delà.

P. CHIMIQUES. — Il précipite par l'eau de chaux. Les sels de potassium, avec un excès d'acide tartrique, donnent un précipité de tartrate acide. Une solution à 1 0/0 de résorcine dans l'acide sulfurique colore à chaud l'acide tartrique en rouge vineux (Mohler).

USAGES. — L'acide tartrique réduit le nitrate d'argent ammoniacal. On tire parti de cette réaction pour l'étamage des glaces. Il entre dans la fabrication des limonades gazeuses.

Tartrate acide de potassium ou crême de tartre CO^2H $(CHOH)^2. COOK.$

Ce corps existe dans le tartre brut des vins. On le purifie par cristallisation dans l'eau bouillante.

PROPRIÉTÉS. — Il est très peu soluble dans l'eau, insoluble dans l'alcool. Il se combine à la plupart des oxydes métalliques en donnant des tartrates doubles. On l'utilise en médecine comme purgatif (2 à 6 g. et plus).

Tartrate double de sodium et de potassium (sel de Seignette) $CO^2K.(CHOH)^2.CO^2Na + 4H^2O$

PRÉPARATION. — Avec la crême de tartre et le carbonate de potasse.

PROPRIÉTÉS. — Beaux cristaux en forme de tombeaux. Employé en médecine comme purgatif à la dose de 30 g.

Émétiques.

On désigne sous ce nom les tartrates doubles formés par une molécule de tartrate acide combinée à un résidu oxygène monoatomique d'un métal. Le type de ces corps est l'*émétique* ordinaire $CO^2 H (CHOH)^2 CO^2. (SbO)$.

EMÉTIQUE ORDINAIRE. — On le prépare en faisant bouillir la crême de tartre avec l'oxychlorure d'antimoine.

$$C^4H^5O^6K + SbOCl = HCl + (C^4H^4O^6K)SbO$$

P. PHYSIQUES. — Octaèdres renfermant une molécule d'eau. Ils deviennent anhydres à 100°. Ils se dissolvent dans 15 parties d'eau froide et 2 parties d'eau bouillante. Insolubles dans l'alcool.

P. CHIMIQUES. — L'hydrogène sulfuré donne un précipité orangé de sulfure d'antimoine. L'étain plongé dans la solution se recouvre d'un dépôt noir d'anti-moine.

USAGES. — Utilisé comme vomitif à la dose de 5 ctg. à 10 ctg.

Tartrate borico-potassique ou crême de tartrate soluble

$$C^4 H^4 O^6 \begin{cases} K \\ Bo\,O \end{cases}$$

PRÉPARATION. — En faisant bouillir la crême de tartre avec de l'acide borique et de l'eau.

PROPRIÉTÉS. — Corps très soluble dans l'eau, employé comme purgatif à la dose de 20 grammes.

Tartrate ferrico-potassique $(C^4H^4O^6K)^2Fe^2O^3$

PRÉPARATION. — En dissolvant l'oxyde ferrique dans la crême de tartre.

PROPRIÉTÉS. — Lamelles brunes transparentes très solubles dans l'eau. Employé comme ferrugineux.

Acide citrique $C^6H^8O^7$

$$CH^2.\ COOH$$
$$|$$
$$C\,(OH).\ COOH$$
$$|$$
$$CH^2.\ CO\ OH$$

HISTORIQUE. — Découvert par Scheele en 1784.

Fonction. — Acide tribasique monoalcoolique.

Synthèse. — Le nitrile dichloracétonique obtenu avec l'acétone est traité par la cyanure de potassium.

$$
\begin{array}{l}
CH^2.\,Cl \\
| \\
C\,(OH).\,CAz \\
| \\
CH^2\,Cl
\end{array}
\;\; + 2\,K\,CAz = 2\,K\,Cl + \;\;
\begin{array}{l}
CH^2.\,CAz \\
| \\
C\,(OH) - CAz \\
| \\
CH^2 - CAz
\end{array}
$$

Nitrile citrique

On saponifie ensuite le nitrile citrique par la potasse et l'eau. (Grimaux et Adam).

Préparation. — On le retire du jus de citron; on le transforme en citrate tricalcique par ébullition avec le carbonate de chaux, puis on décompose par l'acide sulfurique étendu.

P. physiques. — Prismes contenant une molécule d'eau qui se dégage à 100°. Très soluble dans l'eau, l'alcool et l'éther.

P. chimiques. — Il fond, puis se décompose à 165° en eau et acide aconitique. Ensuite il donne en perdant CO^2 les acides itaconique et citraconique. Il ne précipite pas à froid par un grand excès d'eau de chaux, mais par la chaleur il donne un citrate tricalcique insoluble, se dissolvant par refroidissement.

Usages. — Employé pour faire des citrates; il est utilisé dans l'industrie des indiennes.

L'acide citrique tribasique engendre 3 séries de sels qui sont généralement solubles.

CITRATE BIAMMONIQUE $C^6H^6O^7 (AzH^4)^2$. — Très soluble dans l'eau, employé en analyse.

$$\textit{Citrate de magnésie } Mg^3 (C^6H^5O^7)^2 + 14H^2O$$

C'est un sel soluble dans l'eau qui fait la base de la limonade purgative. Le *citrate magnésien effervescent* est un mélange de citrate de magnésie, d'acide citrique ou tartrique et de bicarbonate de soude.

Citrate de fer ammoniacal.

PRÉPARATION. — En dissolvant l'oxyde ferrique dans une solution d'acide citrique et ajoutant ensuite de l'ammoniaque.

PROPRIÉTÉS. — Ecailles non cristallisées, rouge brun, solubles dans l'eau. Employé comme ferrugineux.

LES ETHERS

On appelle éthers, le produit de l'action des alcools sur les alcools et des acides sur les alcools. Les deux groupements se fondent avec élimination d'eau.

La formation des sels par réaction des acides sur les bases est absolument comparable.

Il y a deux grands groupes d'éthers ; les éthers oxydes ou éthers à radicaux d'alcools et les éthers salins.

1° *les éthers oxydes* : Ils proviennent de la combinaison de deux molécules d'alcool avec élimination d'eau. Tel est l'éther ordinaire des pharmacies.

$$2\,C^2H^5OH = H^2O + (C^2H^5)^2O$$

FORMATION. — Ces éthers se produisent par l'action des déshydratants, acide sulfurique ou chlorure de zinc, sur les alcools ou encore par la double décomposition générale suivante

$$C^2H^5ONa + C^2H^5I = (C^2\,H^5)^2O + NaI$$

2° *les éthers salins* ou *éthers composés* : Ils proviennent de la combinaison des alcools avec les acides oxygénés avec élimination d'eau. Tel est l'éther acétique

$$C^2H^5,OH + CH^3.CO.OH = H^2O + CH^3.\,CO.OC^2H^5$$
alcool ordinaire   A. acétique   éther acétique

NOTA. — Nous ne parlons pas des éthers appelés autrefois *éthers simples*. Ces corps sont des hydrocarbures substitués par les halogènes comme le chlorure de méthyle CH^3Cl, l'iodure d'éthyle C^2H^5I. Ils ont été décrits avec les hydrocarbures. Ces corps n'en sont pas moins des éthers, puisqu'ils se saponifient par les alcalis.

FORMATION. — Les éthers salins, soit éthers composés, soit éthers simples, se forment par l'action directe des acides sur les alcools. La température hâte l'action, aussi bien que l'intervention, d'un acide auxiliaire déshydratant acide HCl ou SO^4H^2. Ils se forment aussi par l'action des acides naissants sur les alcools

$$CH^3.OH + C^2H^3O.Cl = C^2H^3O.O.CH^3 + HCl$$

ou encore les acides naissants sur les alcools naissants.

$$CH^3I + C^2H^3O.OAg = C^2H^3O.O.CH^3 + AgI$$

PROPRIÉTÉS. — Les éthers sont généralement aromatiques, volatils sans décomposition, insolubles ou peu solubles dans l'eau, solubles dans l'alcool.

Ils se dédoublent en acide et en alcool sous l'influence de l'eau sous pression, des bases, des acides.

Ce phénomène s'appelle saponification par extension de l'opération analogue, suivie aux dépens des éthers de la glycérine (corps gras) dans la fabrication des savons.

Ethers oxydes

Ether ordinaire des pharmacies

$$\begin{matrix} C^2H^5 \\ \\ C^2H^5 \end{matrix} \Big\rangle O$$

HISTORIQUE. — Découvert en 1540 par Valerus Cordus.

PRÉPARATION. — Par l'action de l'acide sulfurique sur

l'alcool à la température de 140°. Il se produit d'abord de l'acide sulfovinique

$$C^2H^5OH + SO^4H . C^2H^5 + H^2O$$

puis l'excès d'alcool décompose l'acide sulfovinique en régénérant l'acide sulfurique et formant de l'éther (Théorie de Williamson)

$$SO^4H . C^2H^5 . + C^2H^5 . OH = SO^4H^2 + (C^2H^5)^2O.$$

P. PHYSIQUES. — Liquide incolore, d'une odeur agréable (D = 0,73). Il bout à 35°5 en émettant des vapeurs très lourdes et très inflammables. L'eau en dissout le 1/10 de son volume. Il est soluble dans l'alcool et le chloroforme. L'éther à 56° contient de l'alcool. L'éther à 65° est de l'éther à peu près pur. Il dissout le brome, l'iode, les corps gras, les résines et beaucoup d'alcaloïdes.

P. CHIMIQUES. — Il brûle avec une flamme éclairante.

Le chlore réagit violemment en donnant des produits substitués. L'acide iodhydrique le décompose en iodure d'éthyle et alcool. L'acide sulfurique donne de l'acide sulfovinique.

USAGES. — Il est utilisé comme anesthésique chirurgical. Mélangé à l'alcool, il sert à la préparation du collodion. Il est le véhicule des éthérolés pharmaceutiques.

Ethers salins ou composés

Nitrite d'éthyle

Préparation. — En dirigeant des vapeurs nitreuses dans l'alcool et recueillant le liquide qui distille

Propriétés. — Liquide jaunâtre, d'une odeur de pommes reinettes et bouillant à 18°.

Sa solution dans l'alcool (esprit de nitre dulcifié) est employée comme diurétique et excitant.

Acétate d'éthyle $C^2H^3O^2C^2H^5$

Préparation. — En chauffant l'alcool avec de l'acétate de soude fondu et de l'acide sulfurique.

Propriétés. — Liquide d'une odeur agréable bouillant à 74°, soluble dans 7 parties d'eau, très soluble dans l'alcool et l'éther.

Usages. — Employé en frictions contre le rhumatisme et les névralgies.

Nitrite d'amyle $C^5H^{11}.O.AzO$

Préparation. — En dirigeant un courant de gaz nitreux dans l'alcool amylique.

Propriétés. — Liquide légèrement jaunâtre bouillant à 95°; on doit le conserver à l'abri de la lumière, sinon il donne de l'acide prussique.

On l'emploie contre l'angine de poitrine (4 à 5 gouttes en inhalations).

Les corps gras ou triéthers de la glycérine

Etat naturel. — Ils se trouvent normalement dans les cellules des végétaux et des animaux.

Fonction. — Ce sont des triéthers de la glycérine.

Synthèse. — Par Berthelot en faisant agir les acides oléique, palmitique et stéarique sur la glycérine.

Constitution. — La glycérine $C^3H^5(OH)^3$ alcool triatomique peut se combiner à un, deux ou trois molécules d'acides pour donner des mono, bi, triéthers. Trois molécules d'acide stéarique avec la glycérine donneront la stéarine naturelle ou tristéarine.

$$3\ (C^{18}H^{36}O^2) + C^3H^5(OH)^3 = 3\ H^2O + C^3H^5\ (C^{18}H^{35}O^2)^3$$
$$\text{A. stéarique} \qquad\qquad\qquad\qquad \text{stéarine}$$

Les éthers tristéariques, tripalmitiques constituent les graisses. L'éther trioléique forme la majeure partie des huiles.

Extraction : Ils sont retirés du règne animal par cuisson du tissu adipeux, et du règne végétal par expression ou par l'emploi des dissolvants neutres (pétroles, sulfure de carbone).

Propriétés physiques. — Les uns sont solides (graisses, suifs), d'autres liquides (huiles), d'autres mi-solides (beurre de muscades).

Ils surnagent l'eau, tachent le papier, sont peu solubles dans l'alcool même absolu ; sont solubles dans les éthers, le chloroforme, les pétroles et surtout le sulfure de carbone. Ils ne sont pas volatils sans décomposition,

Propriétés chimiques. — Ils se saponifient par les acides, les bases ou même la vapeur d'eau sous pression en régénérant la glycérine et l'acide dont ils dérivent. Chauffés fortement, ils se décomposent donnant de l'acroléine à odeur irritante.

Usages. — Ils servent à faire des savons. Les savons durs sont des stéarates, palmitates, etc. de soude ; les savons mous sont les mêmes sels à base de potasse. Ils servent également à faire des bougies, qui sont constituées par des mélanges d'acide palmitique et stéarique. Ils sont utilisés en pharmacie comme excipient pour les pommades, les cérats, des onguents et les emplâtres.

LES AMINES

On appelle *amines* ou *ammoniaques composées* des corps qui résultent de l'action de l'ammoniaque sur les alcools. Ces amines elles-mêmes, réagissant sur les alcools donnent les amines plus compliquées.

On peut les envisager comme dérivant de l'ammoniaque par la substitution de radicaux alcooliques à un ou plusieurs atomes d'hydrogène de l'ammoniaque.

Soit l'ammoniaque

$$\text{Az} \begin{cases} \text{H} \\ \text{H} \\ \text{H} \end{cases}$$

On aura

la monoéthylamine $\quad$ $\text{Az} \begin{cases} C^2H^5 \\ H \\ H \end{cases}$

la diéthylamine $\quad$ $\text{Az} \begin{cases} C^2H^5 \\ C^2H^5 \\ H \end{cases}$

la triéthylamine $\quad$ $\text{Az} \begin{cases} C^2H^5 \\ C^2H^5 \text{ etc.} \\ C^2H^5 \end{cases}$

Dans les formules les plus ordinaires on envisage les amines comme résultant en [fait de la substitution de AzH^2 (radical amigène) à l'OH alcoolique.

Dans les diamines $2\,AzH^2$ sont substitués à $2\,OH$ dans un alcool polyvalent.

Monamines. — Une molécule d'ammoniaque réagissant sur une molécule d'alcool donne une *Monamine primaire*

$$C^2H^5.OH + AzH^3 = H^2O + C^2H^5,AzH^2$$
alcool ordinaire $\qquad\qquad\qquad$ monoéthylamine

Une deuxième molécule d'alcool réagissant donne une *amine secondaire*

$$C^2H^5AzH^2 + C^2H^5OH = C^2H^5AzH.C^2H^5 + H^2O$$
monoéthylamine $\qquad\qquad\qquad$ diéthylamine

Une troisième molécule d'alcool pourra encore réagir sur le troisième atome d'hydrogène de l'ammoniaque et donner une *amine tertiaire*.

$$C^2H^5.AzH.C^2H^5 + C^2H^5.OH = H^2O + (C^2H^5)^3 \equiv Az$$
diéthylamine   triéthylamine

On connaît encore des ammoniaques composées qui ne sont plus construits sur le type $Az\begin{cases} H \\ H \\ H \end{cases}$ mais sur le type hydrate d'ammonium $OH.Az\begin{cases} H \\ H \\ H \\ H \end{cases}$

Les quatre H d'AzH^4 sont remplacés par des radicaux alcooliques : ce sont les hydrates d'ammonium quaternaires.

$$4C^2H^5.OH + AzH^4.OH = (C^2H^5)^4Az,OH + 4H^2O$$

DIAMINES. — Elles résultent de l'action de deux molécules d'ammoniaque sur un alcool diatomique. Une première molécule d'ammoniaque réagissant sur le glycol donnera un corps à fonction mixte amine-alcool

$$\begin{matrix} CH^2.OH \\ | \\ CH^2.OH \end{matrix} + AzH^3 = \begin{matrix} CH^2.AzH^2 \\ | \\ CH^2.OH \end{matrix} + H^2O$$

Une nouvelle molécule de AzH^3 intervenant donnera une diamine

$$\begin{array}{c} CH^2.AzH^2 \\ | \\ CH^2.OH \end{array} + AzH^3 = \begin{array}{c} CH^2.AzH^2 \\ | \\ CH^2.AzH^2 \end{array} + H^2O$$

Les monamines ont un atome d'azote dérivant d'une molécule d'ammoniaque ; les diamines renferment toujours deux atomes d'azote.

Elles peuvent être rapportées au type ammoniaque deux fois condensé $Az^2 \left\{ \begin{array}{c} H^2 \\ H^2 \\ H^2 \end{array} \right.$

A côté des diamines on conçoit les triamines, tétramines, etc.

Les alcools polyatomiques réagissant sur une quantité de molécules d'ammoniaque en rapport avec leur valeur engendreront ces corps.

La glycérine, alcool trivalent, donnera ainsi une triamine.

$$\begin{array}{l} CH^2.AzH^2 \\ CH.AzH^2 \\ CH^2.AzH^2 \end{array}$$

Modes de formation des amines. — On obtient les amines primaires : 1° En faisant agir la potasse sur les éthers isocyaniques (**Wurtz**).

$$Az\begin{array}{c} \diagup CO \\ \diagdown C^2H^5 \end{array} + 2KOH = AzH^2.C^2H^5 + CO^3K^2$$

isocyanate d'éthyle   éthylamine

Cette réaction est analogue à la décomposition de l'acide cyanique avec la potasse.

$$CAz.OH + 2KOH = AzH^3 + CO^3K^2$$
A. cyanique   ammoniaque

2° On obtient les amines primaires, secondaires, tertiaires et quaternaires en faisant réagir l'éther simple d'un alcool sur l'ammoniaque (Hoffmann).

$$C^2H^5I + AzH^3 = HI + AzH^2.C^2H^5$$
monoéthylamine

$$2(C^2H^5I) + AzH^3 = 2HI + AzH.(C^2H^5)^2$$
diéthylamine

$$3(C^2H^5I) + AzH^3 = 3HI + Az(C^2H^5)^3$$
triéthylamine

$$4(C^2H^5I) + AzH^3 = 3HI + I.Az(C^2H^5)^4$$
iodure de tétréthylammonium

3° Les nitriles fixent de l'hydrogène et donnent des amines primaires (Mendius).

$$CAz.CH^3 + 2H^2 = AzH^2.CH^3$$

4° En traitant une carbylamine par la potasse (Gautier).

$$(C^4H^9Az = C) + KOH + H^2O = CHKO^2 + C^4H^9AzH^2$$
butylcarbylamine   formiate de K   butylamine

PROPRIÉTÉS GÉNÉRALES DES AMINES. — Les amines s'unissent directement aux acides, comme l'ammoniaque, en donnant des sels.

$$CH^3.AzH^2 + HCl = CH^3.AzH^2.HCl$$
$$\text{méthylamine} \qquad\qquad \text{chlorhydrate de méthylamine}$$

L'acide azoteux décompose les monamines en alcool, eau et azote.

$$C^2H^5.AzH^2 + AzO.OH = C^2H^5.OH + H^2O + Az^2$$

Les chlorures des ammoniums composés forment des combinaisons avec le chlorure de platine, analogues au chlorure double de platine et d'ammonium.

Les chlorures, bromures, iodures des ammoniums quaternaires se décomposent par la chaleur en amine tertiaire et en éther simple.

$$Az.(CH^3)^4Cl = CH^3.Cl + Az(CH^3)^3$$

Triméthylamine.

ETAT NATUREL. — La triméthylamine $Az(CH^3)^3$ se rencontre dans la saumure de hareng, l'huile de foie de morue, les vinasses de betteraves.

PRÉPARATION. — La triméthylamine qui est une amine tertiaire, se prépare en faisant réagir l'ammoniaque sur trois molécules d'iodure de méthyle.

La triméthylamine est retirée principalement des vinasses de betteraves.

PROPRIÉTÉS. — Elle bout à 9°. Elle est soluble dans l'eau, donne des sels cristallisés. Elle déplace l'ammoniaque de ses combinaisons.

Le chlorhydrate de triméthylamine est décomposé par la chaleur en chlorure de méthyle, ammoniaque, et triméthylamine (Vincent).

$$3 [Az (CH^3)^3.HCl] = 2 Az (CH^3)^3 + 3 CH^3 Cl + AzH^3$$

PROPYLAMINE $C^3H^7(AzH^2)$. — C'est une monamine primaire isomère de la triméthylamine. Elle se présente sous forme d'un liquide huileux, fortement alcalin bouillant à 50° et ayant une odeur désagréable de poisson. Elle a été un instant préconisée contre les rhumatismes.

Amines à fonctions mixtes.

Les amines peuvent présenter d'autres fonctions. On connait des amines alcooliques telles que la glycéramine $CH^2.AzH^2.CH.OH.CH^2.OH$; seulement ces amines alcooliques sont très altérables ; les amines acides sont plus stables. Nous citerons le glycocolle $CH^2.AzH^2.CO.OH$ qui est une amine acide, pouvant par conséquent former des sels, soit avec les bases en échangeant l'hydrogène de son carboxyle COOH contre un de métal, soit avec les acides en s'unissant par son groupement amine AzH^2.

$$\textit{Glycocolle} \quad \begin{array}{c} CH_2.AzH_2 \\ | \\ CO.OH \end{array}$$

Historique. — Découvert par Braconnot en 1820.

Synthèse. — En traitant l'acide monochloracétique par l'ammoniaque (Cahours).

$$COOH.CH_2Cl + AzH_3 = COOH.CH_2.AzH_2 + HCl$$

Constitution. — C'est l'amine acide de l'acide glycolique

$$\begin{array}{c} CH_2.OH \\ | \\ CO.OH \end{array}$$

Préparation. — En faisant bouillir longtemps la gélatine avec l'acide sulfurique étendu.

Propriétés physiques. — Cristaux fusibles à 170°, très solubles dans l'eau, peu dans l'alcool.

P. chimiques. — Ce corps possède les propriétés des amines et des acides, donnant des sels soit avec les acides soit avec les bases. Son dérivé méthylé, le méthyl-glycocolle ou sarcosine $(COOH.CH_2.AzH.CH_3)$ a été retiré par Liebig de la chair musculaire.

La sarcosine résulte du dédoublement de la créatine des muscles, laquelle donne en même temps de l'urée. Elle peut être faite par synthèse en faisant réagir l'acide chloracétique sur la méthylamine.

Acide aspartique $CO_2H.CH.AzH_2.CH_2.CO_2H$

ÉTAT NATUREL. — Dans les mélasses de betteraves.

SYNTHÈSE. — En chauffant à 200° le malate acide d'ammonium.

CONSTITUTION. — C'est une amine diacide.

PRÉPARATION. — En faisant bouillir l'asparagine avec l'oxyde de plomb. Il se dégage de l'ammoniaque

$$C_4H_8Az_2O_3 + H_2O = AzH_3 + C_4H_7AzO_4$$
$$\text{Asparagine} \qquad\qquad \text{A. aspartique}$$

PROPRIÉTÉS. — Prismes ; peu soluble dans l'eau froide. Ils se dissolvent dans les acides et les bases.

Asparagine $COOH.CH.AzH_2.CH_2.CO.AzH_2$

ÉTAT NATUREL. — Existe en abondance dans les végétaux. Au point de vue physiologique, elle peut être considérée comme l'urée végétale.

HISTORIQUE. — Découverte par Robiquet en 1805.

CONSTITUTION. — Amide de l'acide aspartique, qui reste encore monoacide.

PRÉPARATION. — On la retire du produit de la germination, à l'abri de la lumière, des vesces ou des pois.

PROPRIÉTÉS. — Cristaux orthorhombiques ; peu soluble dans l'eau froide, plus soluble dans l'eau bouillante. Insoluble dans l'alcool et l'éther. Les alcalis et les acides la dissolvent facilement.

$$\textit{Taurine }\ C^2H^4\!\!\begin{array}{l}\diagup SO^3H\\ \diagdown AzH^2\end{array}$$

ÉTAT NATUREL. — Dans la bile, à l'état d'acide taurocholique.

SYNTHÈSE. — En traitant par l'ammoniaque l'acide chloréthylénosulfureux.

$$C^2H^4\!\!\begin{array}{l}\diagup SO^3H\\ \diagdown Cl\end{array} + 2\,AzH^3 = AzH^4Cl + C^2H^4\!\!\begin{array}{l}\diagup SO^3H\\ \diagdown AzH^2\end{array}$$

FONCTION. — Amine-acide.

PRÉPARATION. — On la retire de la bile par ébullition avec HCl qui dédouble l'acide taurocholique.

PROPRIÉTÉS. — Prismes solubles dans l'eau, insolubles dans l'alcool et l'éther.

Névrine ou Choline.

$$C^5 H^{15} Az\, O^2 \text{ ou } OH,\, Az \begin{cases} CH_3 \\ CH_3 \\ CH_3 \\ C^2H^4.OH \end{cases}$$

ÉTAT NATUREL. — Elle existe dans la bile, dans les centres nerveux, le jaune d'œuf, le sang, etc. à l'état de lécithine.

SYNTHÈSE. — En chauffant à 100° la triméthylamine avec la chlorhydrine du glycol

$$C^2H^4 \begin{cases} OH \\ Cl \end{cases} + Az\,(CH^3)^3 = Cl.\,Az. \begin{cases} CH^3 \\ CH^3 \\ CH^3 \\ C^2H^4\,(OH) \end{cases}$$

Chlorhydrate de névrine

FONCTION. — Amine renfermant un groupement alcoolique.

PROPRIÉTÉS. — Base cristallisée fournissant des sels bien définis.

La névrine oxydée fournit la *bétaïne*, anhydride de l'hydrate d'ammonium

$$OH.\,Az \begin{cases} (CH^3)^3 \\ CH^2.CO.OH \end{cases}$$

$$OH.Az \begin{cases} (CH^3)^3 \\ C^2H^4\,(OH) \end{cases} + O^2 = 2\,H^2O + Az \begin{cases} (CH^3)^3 \\ CH^2 \\ \mid \\ O - CO \end{cases}$$

Bétaïne

La bétaïne peut également se retirer des mélasses de betteraves. C'est un corps non toxique.

En oxydant la névrine par l'acide azotique concentré, on obtient la *muscarine* aldéhyde de la névrine.

$$OH.Az \begin{cases} (CH^3)^3 \\ CH^2.CHO \end{cases}$$

muscarine

La muscarine existe à l'état naturel dans la fausse oronge. Elle est très soluble dans l'eau et l'alcool, insoluble dans l'éther. 1/30 de milligramme de muscarine arrête les battements du cœur d'une grenouille. C'est un toxique énergique.

Lécithines

La névrine est à l'état de lécithines dans l'économie animale. Les lécithines sont des oléoglycérophosphates de névrine ou bien margaroglycérophosphates de névrine ou encore stéaro, éthers complexes qui se dédoublent par les alcalis, en acide glycérophosphorique, névrine et acide gras.

Lécithine margarique

$$PO \begin{cases} \left.\begin{matrix} (CH^3)^3 \\ O - C^2H^4 \end{matrix}\right\} Az.OH \\ OH \\ O - C^3H^5 \begin{matrix} / C^{16}H^{31}O^2 \\ \backslash C^{16}H^{31}O^2 \end{matrix} \end{cases}$$

Leucine $C^6H^{12}O^3$

ÉTAT NATUREL. — Dans la putréfaction des matières albuminoïdes.

HISTORIQUE. — Découverte par Proust en 1818.

SYNTHÈSE. — En faisant bouillir un mélange d'aldéhyde valérique, d'acide cyanhydrique et d'acide chlorhydrique (Limpricht)

$$C^4H^9.CHO + CAzH + H^2O =$$
aldéhyde valérique

$$|CH^3.(CH^2)^2.CH^2.CH.(AzH^2).COOH$$
Leucine

CONSTITUTION. — C'est une amide acide, homologue supérieur du glycocolle. Elle est l'acide amido oxycaproïque ou oxycaproamine.

PRÉPARATION. — En faisant bouillir les rognures de corne avec l'acide sulfurique étendu.

PROPRIÉTÉS. — Corps blanc cristallisé en lamelles nacrées, soluble dans l'eau froide, insoluble dans l'alcool et dans l'éther. Il se sublime à 170°. Il est soluble dans les alcalis et les acides étendus.

L'alanine, qui s'obtient également dans la décomposition des matières albuminoïdes, est un autre homologue du glycocolle. Elle est l'acide amidolactique, ou oxypropionamine.

LES AMIDES

Les amides dérivent des sels ammoniacaux par perte d'eau.

$$C^2H^3O.O\,(AzH^4) = C^2H^3O.AzH^2 + H^2O$$
Acétate d'ammonium   Acétamide

$$C^2O^2{\Large<}{\begin{array}{l}OAzH^4\\OAzH^4\end{array}} = C^2O^2{\Large<}{\begin{array}{l}AzH^2\\AzH^2\end{array}} + 2\,H^2O$$
Oxalate d'ammonium   Oxamide

Les monamides dérivent des sels ammoniacaux à acides monobasiques, comme l'acétamide. Les diamides dérivent des sels ammoniacaux à acide bibasique, comme l'oxamide. Les triamides dérivant des sels ammoniacaux à acide tribasique par le même mécanisme, et ainsi de suite.

On conçoit que les sels acides ammoniacaux donnent par perte d'eau des amides acides.

$$C^2O^2{\Large<}{\begin{array}{l}OAzH^4\\OH\end{array}} = C^2O^2{\Large<}{\begin{array}{l}AzH^2\\OH\end{array}}$$
Oxalate acide d'ammonium   Acide oxamique

NITRILES. — Les nitriles sont engendrés par nouvelle déshydratation des amides.

$$\overset{\overset{\displaystyle H}{\displaystyle |}}{CO}.Az\,H^2 \;-\; H^2O \;=\; H.CAz$$

Formiamide   Formionitrile
ou acide cyanhydrique

$$CH^3.CO.AzH^2 \;-\; H^2O \;=\; CH^3.CAz$$

Acétamide   acéto-nitrile

IMIDES. — Les imides sont les produits de déshydratation des acides amidés. Ce sont leurs nitriles en quelque sorte.

$$C^2H^4\begin{cases} CO\,Az\,H^2 \\ COOH \end{cases} -\; H^2O \;=\; C^2H^4\begin{cases} CO \\ CO \end{cases}\!\!AzH$$

Acide succinamique   Succinimide

CONSTITUTION. — Les amides peuvent être envisagés comme de l'ammoniaque, dans laquelle les hydrogènes sont remplacés par des radicaux d'acides. Ainsi l'acétamide sera $Az\begin{cases} C^2H^3O \\ H \\ H \end{cases}$. On conçoit une deuxième substitution, qui donnerait des amides secondaires correspondant aux amines secondaires, soit la diacétylamide $Az\begin{cases} C^2H^3O \\ C^2H^3O \\ H \end{cases}$. Et ainsi de suite.

Dans le langage atomique actuel, on regarde les amides comme résultant de la substitution du radical amigène $AzH^{2\prime}$ monoatomique à un OH d'acide. Le radical imigène AzH'' diatomique se substitue à 2OH dans deux molécules d'acides $(C^2H^3O)^2.AzH$ pour engendrer les amides secondaires. Et, enfin, Az'' triatomique remplace 3OH dans trois molécules $C^2H^3O.OH$ pour engendrer une amide tertiaire $(C^2H^3O)^3, Az$.

CARBYLAMINES. — Les nitriles ont été envisagés comme les cyanures de radicaux alcooliques. On leur a donné la constitution

$$R - C \equiv Az$$

R étant un radical alcoolique CH^3, C^2H^5, etc., etc.

Les carbylamines sont appelés encore *isocyanures alcooliques*. Elles sont les isomères des nitriles, et ont la constitution

$$R - Az = C$$

avec l'azote intermédiaire entre le carbone et le radical alcoolique.

MODES DE FORMATION DES AMIDES. — 1° Par déshydratation des sels ammoniacaux à acide organique.

$$CH^3.CO.OAzH^4 = H^2O + CH^3.CO.AzH^2$$
$$\text{acétate d'ammonium} \qquad \text{acétamide}$$

2° En faisant réagir l'ammoniaque sur un anhydrique ou un chlorure d'acide ou un éther.

$$\begin{array}{c} COO\,(C^2H^5) \\ | \\ COO\,(C^2H^5) \end{array} + 2AzH^3 = \begin{array}{c} CO-Az\,H^2 \\ | \\ CO-Az\,H^2 \end{array} + 2\,(C^2H^5OH)$$

Oxalate d'éthyle   Oxamide   Alcool

$$C^2H^3.OCl + 2Az\,H^3 = AzH^4Cl + CH^3.CO.AzH^2$$

chlorure d'acétyle   acétamide

MODE DE FORMATION DES NITRILES. — 1° Par déshydratation des amides avec l'acide phosphorique.

$$\begin{array}{c} CO-AzH^2 \\ | \\ C^2H^5 \end{array} = H^2O + \begin{array}{c} C\,Az \\ | \\ C^2H^5 \end{array}$$

Propionamide   Propionitrile

2° En distillant un sulfovinate avec le cyanure de potassium.

$$SO^2\!\!\begin{array}{c} OC^2H^5 \\ OK \end{array} + CAz.K = SO^2\!\!\begin{array}{c} (OK) \\ (OK) \end{array} + CAz.C^2H^5$$

Sulfovinate de K   Sulfate de potasse   Propionitrile

MODE DE FORMATION DES IMIDES. — 1° En chauffant fortement une diamide.

$$\begin{array}{c} CO-AzH^2 \\ | \\ C^2H^4 \\ | \\ CO-AzH^2 \end{array} = AzH^3 + \begin{array}{c} CO \\ | \\ C^2H^4 \\ | \\ CO \end{array}\!\!\!>AzH$$

Succinamide   Succinimide

2° En déshydratant une amide acide.

$$\begin{array}{c} \text{CO.AzH}^2 \\ | \\ \text{C}^2\text{H}^4 \\ | \\ \text{COOH} \end{array} = \text{H}^2\text{O} + \left.\begin{array}{c} \text{CO} \\ | \\ \text{C}^2\text{H}^4 \\ | \\ \text{CO} \end{array}\right\rangle \text{AzH}$$

MODE DE FORMATION DES CARBYLAMINES. — 1• En traitant un iodure alcoolique par du cyanure d'argent sec, on obtient une combinaison de cyanure d'argent et de cyanure alcoolique.

$$\text{C}^2\text{H}^5\text{I} + 2\text{CAz. Ag} = \text{C}^2\text{H}^5\text{Ag(CAz)}^2 + \text{AgI}$$

iodure d'éthyle	cyanure d'argent	cyanure double d'éthyle et d'argent	iodure d'argent

Ce cyanure double en présence du cyanure de potassium donne l'isocyanure d'éthyle ou éthylcarbylamine.

$$\text{C}^2\text{H}^5\text{Ag(CAz)}^2 + \text{K.CAz} = \text{KAg(CAz)}^2 + \text{C}^2\text{H}^5.\text{AzC}$$

cyanure double d'argent et d'éthyle	cyanure de potassium	cyanure double d'argent et de potassium	éthylcarbylamine.

2° En traitant une amide primaire par le chloroforme en présence de la potasse.

$$\text{C}^5\text{H}^{11}.\text{AzH}^2 + \text{CHCl}^3 + 3\text{KOH} =$$

amylamine	chloroforme	potasse]

$$3\text{KCl} + 3\text{H}^2\text{O} + \text{C}^5\text{H}^{11}\text{AzC}$$

chlorure de potassium	eau	amylcarbylamine

PROPRIÉTÉS GÉNÉRALES DES AMIDES. — Toutes les amides

régénèrent, par hydratation, le sel ammoniacal de l'acide correspondant.

$$[C^2H^3O.AzH^2 + H^2O = C^2H^3O.OAzH^4$$

acétamide   acétate d'ammonium

Le chlore, le brome transforment les amides en chloramides, bromamides (Hoffmann).

L'acide azoteux décompose les amides. Il se forme l'acide dont l'amide renferme le radical, de l'eau et de l'azote.

$$C^2H^3O.AzH^2 + AzO,OH = H^2O + Az^2 + C^2H^4O^2$$

acétamide   A. acétique

Les nitriles se comportent comme les amides, mais demandent en raison même de leur mode de génération, de fixer deux molécules d'eau, pour régénérer le sel ammoniacal correspondant.

$$C^2H^5.CAz + 2H^2O = C^3H^5O.OAzH^4$$

Propionitrile   Propionate d'ammonium

Les carbylamines sous l'influence de l'eau donnent de l'acide formique et l'amine primaire du radical alcoolique qu'elles renferment.

$$C^2H^5.AzHC + 2H^2O = CH^2O^2 + C^2H^5.AzH^2$$

Ethylcarbylamine   Ac. formique   Ethylamine

Amides de l'acide carbonique

L'acide carbamique peut donner : 1° une amine acide

$$\text{l'acide carbonique} \quad CO \begin{cases} OH \\ AzH^2 \end{cases}$$

$$\text{et d'une diamide. l'urée} \quad CO \begin{cases} AzH^2 \\ AzH^2 \end{cases}$$

L'acide carbamique n'est pas connu à l'état de liberté ; ses sels et ses éthers sont seuls connus. Les éthers de l'acide carbamique portent le nom d'Uréthanes.

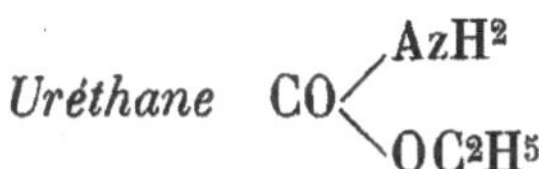

$$\textit{Uréthane} \quad CO \begin{cases} AzH^2 \\ OC^2H^5 \end{cases}$$

Préparation. — En chauffant à 120-130° le nitrate d'urée avec l'alcool ordinaire.

Propriétés. — Prismes fusibles à 52°. La potasse le décompose en alcool, acide carbonique et ammoniaque. On l'emploie comme hypnagogue, à la dose d'un à quatre grammes.

Ural.

L'ural est une combinaison d'uréthane et de chloral, se présentant sous la forme de cristaux, d'une saveur amère, peu solubles dans l'eau. Il est employé aux mêmes usages que l'uréthane (dose 4 gr. 50).

Euphorine ou phényluréthane

$$CO\begin{cases} AzH\ (C^6H^5) \\ OC^2H^5 \end{cases}$$

L'euphorine est une poudre blanche cristalline d'odeur faible et aromatique, d'un goût peu sensible, puis piquant.

Ce corps est difficilement soluble dans l'eau, assez soluble dans l'alcool étendu.

On l'emploie comme hypnagogue et antipyrétique à une dose moitié moindre de celle de l'antipyrine.

Carbamide ou urée

$$CO\begin{cases} AzH^2 \\ AzH^2 \end{cases}$$

HISTORIQUE. — Découvert par Rouelle le jeune en 1773.

SYNTHESE. — 1° Action de l'acide cyanique sur l'ammoniaque (Vœhler). Il se forme ainsi du cyanate d'ammonium, qui se transforme spontanément en urée par changement d'état moléculaire.

$$(CO = Az - AzH^4) = CO\begin{cases} AzH^2 \\ AzH^2 \end{cases}$$

Cyanate d'ammoniaque   Urée

2° Action de l'ammoniaque sur l'oxychlorure de carbone.

$$CO\begin{cases}Cl\\Cl\end{cases} + 4\,AzH^3 = 2\,AzH^4Cl + CO\begin{cases}AzH^2\\AzH^2\end{cases}$$

Oxychlorure de carbone   Urée

3° Action de l'ammoniaque sur le carbonate d'éthyle.

$$CO\begin{cases}OC^2H^5\\OC^2H^5\end{cases} + 2\,AzH^3 = CO\begin{cases}AzH^2\\AzH^2\end{cases} + 2\,C^2H^5.OH$$

CONSTITUTION. — L'urée est la diamide carbonique.

$$CO\begin{cases}AzH^2\\AzH^2\end{cases}$$

PRÉPARATION. — 1° En précipitant l'urée de l'urine concentrée au dixième par de l'acide azotique, en refroidissant. Il se forme de l'azotate d'urée, qu'on décompose ensuite par le carbonate de potasse.

2° En calcinant du ferrocyanure de potassium avec du bioxyde de manganèse. Il se fait du cyanate de potasse, que l'on décompose par le sulfate d'ammoniaque. Le cyanate d'ammoniaque formé, chauffé à 100° au sein de l'eau se transforme en urée.

PROPRIÉTÉS PHYSIQUES. — Prismes quadratiques fusibles à 130°, solubles dans l'eau, l'alcool, peu solubles dans l'éther.

P. CHIMIQUES. — Chauffée, l'urée se décompose et

donne du biuret ($C^2H^5Az^3O^2$) de l'ammoniaque, de l'acide cyanurique $C^3H^3O^3Az^3$ et de l'ammélide $C^6H^9Az^9O^3$. L'urée s'hydrate à l'ébullition en présence des alcalis. Sous l'influence de la *Torula urinœ* et de quelques bacilles, elle subit la même transformation et donne du carbonate d'ammoniaque.

$$COAz^2H^4 + 2H^2O = CO^3(AzH^4)^2$$
$$\text{Urée} \qquad \text{eau} \qquad \text{carbonate d'ammoniaque}$$

Cette hydratation peut se faire avec de l'eau à 140°.

Le chlore, les hypobromites alcalins, les hypochlorites donnent de l'azote et de l'acide carbonique, lequel est retenu par l'alcali en excès.

$$CO.Az^2H^4 + 3\,BrONa = CO^2 + Az^2 + 2H^2O + 3\,Na\ Br$$
$$\text{Urée} \qquad \text{hypobromite} \quad \text{acide} \quad \text{azote} \quad \text{eau} \quad \text{bromure}$$
$$\text{de Na} \quad \text{carbonique} \qquad\qquad \text{de sodium}$$

L'urée se combine aux acides en donnant de véritables sels. L'azotate d'urée $COAz^2H^4,AzO^3H$ cristallise en prismes brillants peu solubles dans l'eau froide. L'oxalate d'urée $(2COAz^2H^4),C^2H^2O^4$ est très peu soluble dans l'eau. L'urée peut aussi s'unir aux bases en donnant des sels. Elle donne ainsi une combinaison insoluble avec l'oxyde de mercure. Le chlorure de sodium donne également une combinaison

$$(COAz^2H^4,NaCl + H^2O)$$

Dosage de l'urée. — L'urée des urines se dose principalement par l'hypobromite de soude alcalin; la décomposition fournit de l'acide carbonique, qui est retenu par l'alcali et de l'azote que l'on mesure (37 cc. d'azote à 0° = 1 dg. d'urée).

Le procédé de Liebig consiste à précipiter l'urée par le nitrate mercurique.

On peut doser l'urée en la chauffant à 140° avec de l'eau. Il se forme du carbonate d'ammoniaque que l'on dose alcalimétriquement.

Les atomes d'hydrogène de l'urée

$$CO\begin{cases}AzH^2\\AzH^2\end{cases}$$

peuvent être remplacés par des radicaux alcooliques, on a alors des *aminurées* (**Wurtz**). Telle est l'éthylurée

$$CO\begin{cases}AzH^2\\AzH\ (C^2H^5)\end{cases}$$

On peut les préparer par l'action de l'acide cyanique sur les monamines primaires.

$$CO.AzH + AzH^2.CH^3 = CO\begin{cases}AzH^2\\AzH.(CH^3)\end{cases}$$

acide cyanique   méthylamine   méthylurée

Si l'on remplace les atomes d'hydrogène de l'urée par des radicaux acides on a les *uréides*. Telle est la formyluréide

$$CO\begin{cases}AzH\ (CHO)\\AzH^2\end{cases}$$

On peut préparer les uréides en faisant agir les chlorures d'acides sur l'urée.

$$CO\begin{cases}AzH^2\\AzH^2\end{cases} + C^2H^3OCl = CO\begin{cases}AzH\ (CH^3.CO)\\AzH^2\end{cases}$$

Urée   Chlorure d'acétyle   Acétylurée

Ces uréides peuvent réagir sur une ou plusieurs molécules d'urée en donnant des *polyuréides*.

Deux molécules d'urée réagissant ensemble donnent des *diuréides* dont l'acide urique est le type.

Acide urique $C^5H^4Az^4O^3$

HISTORIQUE. — Découvert par Schœle en 1775.

SYNTHÈSE. — En chauffant à 230° un mélange d'urée et de glycocolle.

$$C^2H^5AzO + 3(COAz^2H^4) = C^5H^4Az^4O^3 + 3\,AzH^3 + 2\,H^2O$$

Glycocolle   urée   a. urique

CONSTITUTION. — Diuréide possédant la fonction diacide.

PRÉPARATION. — On le retire des excréments de serpents qui le renferment à l'état d'urate de chaux.

P. PHYSIQUES. — Mamelons renfermant deux molécules d'eau qu'ils perdent facilement, peu solubles dans l'eau froide (1/1500) insolubles dans l'alcool et l'éther.

PROPRIÉTÉS CHIMIQUES. — Chauffé, il donne de l'acide cyanhydrique, de l'urée et de l'acide cyanurique. L'acide iodhydrique à 160° l'hydrate et donne de l'urée et du glycocolle. L'acide azotique le convertit en urée et alloxane qui se transforme en isoalloxane en chauffant, vers 100°. L'isoalloxane se transforme en acide isoalloxanique au contact des alcalis. Avec l'ammoniaque on a l'isoalloxanate d'ammonium ou murexide, d'une belle couleur rose autrefois employée en teinture.

On connaît les sels mono et bi-métalliques de l'acide urique.

Les urines contiennent normalement de l'acide urique (0 gr. 3 à 0 gr. 6 environ) que l'on peut précipiter par l'acide chlorhydrique concentré (2 cgr. pour 1 gr.). Un dépôt cristallisé se forme au bout de 24 heures dans un endroit frais.

Urées substituées.

Guanidine $CH^5 Az^3$.

SYNTHÈSE. — En chauffant la chloropicrine avec un excès d'ammoniaque. Il se fait ainsi du chlorhydrate de guanidine.

CONSTITUTION. — C'est une urée substituée dans laquelle l'oxygène divalent a été remplacé par

$$AzH.C\begin{cases} AzH^2 \\ AzH^2 \end{cases}$$

PRÉPARATION. — En chauffant le sulfocyanate d'ammoniaque 24 heures à 170°.

PROPRIÉTÉS. — Ce corps fournit avec les acides des sels bien définis. Les bases décomposent la guanidine en ammoniaque et urée.

$$AzH.C\begin{cases} AzH^2 \\ AzH^2 \end{cases} + HOH = AzH^3 + CO\begin{cases} AzH^2 \\ AzH^2 \end{cases}$$

Créatine $C^4 H^9 Az^3 O^2$.

ÉTAT NATUREL. — Dans le suc des muscles, dans le sang et quelquefois dans l'urine.

FONCTION. — La créatine et les créatinines sont des guanidines substituées. La créatine a pour formule :

$$AzH = C \diagup_{\diagdown AzH^2}^{Az(CH^3) - CH^2.\ CO^2H}$$

SYNTHÈSE. — En unissant la cyanamide avec les acides amidés.

PRÉPARATION. — On la retire de la viande.

PROPRIÉTÉS PHYSIQUES. — Prismes rhomboïdaux, d'une saveur amère, peu solubles dans l'eau froide, mieux dans l'eau bouillante, insolubles dans l'alcool.

PROPRIÉTÉS CHIMIQUES. — La créatine, en perdant de l'eau, fournit la *créatinine*. Avec l'eau de baryte, elle fixe de l'eau en donnant de l'urée et de la sarcosine. Elle forme avec les chlorures de zinc et le cadmium des chlorures doubles peu solubles, parfaitement cristallisés, qui permettent de l'isoler.

PROPRIÉTÉS PHYSIOLOGIQUES. — C'est un produit de désassimilation des matières albuminoïdes, se trouvant dans les muscles, les urines où elle se déshydrate facilement en donnant la créatinine, état sous lequel elle passe dans l'urine.

Créatinine $C^4H^7Az^3O$.

ETAT NATUREL. — Normalement dans l'urine.

CONSTITUTION. — Elle se forme par anhydridation interne de la créatine.

$$HAz = C \Big\langle {}^{Az\,(CH^3)\ \ CH^2|}_{AzH^2\qquad \overset{|}{C}O^2H} - H^2O =$$

Créatine

$$HAz = C \Big\langle {}^{Az\,(CH^3)\ -\ CH^2}_{AzH\ \ -\ \ \overset{|}{C}O}$$

PROPRIÉTÉS. — Prismes brillants à saveur alcaline, solubles dans 12 parties d'eau froide, solubles dans l'alcool, insolubles dans l'éther.

C'est une base puissante qui déplace l'ammoniaque de ses sels. Le chlorure de zinc donne un chlorure double de zinc et de créatinine insoluble dans l'eau et se présentant sous la forme d'aiguilles rayonnées ou de prismes.

LES NITRILES

Nitrile formique ou acide cyanhydrique CAzH

HISTORIQUE. — Découvert par Scheele en 1782. On l'appelle encore *acide prussique*.

Synthèse. — En unissant l'acétylène et l'azote (Berthelot) sous l'influence de l'étincelle électrique.

$$C^2H^2 + Az^2 = 2CAz.H$$

Constitution. — C'est le nitrile de la formiamide.

Préparation. - 1° En chauffant le ferrocyanure de potassium avec l'acide sulfurique étendu.

$$2\,[(CAz)^6K^4Fe + 3\,SO^4H^2 = 3\,SO^4K^2 +$$
$$(CAz)^6Fe^2K^2 + 6\,CAzH$$

2° En faisant réagir l'hydrogène sulfuré sur le cyanure de mercure.

$$Hg\,(CAz)^2 + H^2S = HgS + 2CAzH$$

P. physiques. — Liquide incolore, bouillant à 26°,5, soluble dans l'eau, l'alcool et l'éther. Il s'altère spontanément quand il n'est pas très pur en donnant des produits noirâtres.

P. chimiques. — C'est un véritable acide qui donne des cyanures avec les métaux. Il s'unit aux aldéhydes en donnant des combinaisons cristallisées définies. Le cyanhydrate de chloral (chloralcyanhydrine) en solution remplace, en Allemagne, l'eau de laurier-cerise. L'acide cyanhydrique précipite le nitrate d'argent, en donnant $AgCAz$, insoluble dans AzO^3H, soluble dans AzH^3. Avec un mélange de sulfates ferreux et ferrique, il donne du bleu de Prusse en ajontant HCl.

La propriété fondamentale de l'acide cyanhydrique est de s'hydrater, comme tous les nitriles, et de se transformer en sel ammoniacal correspondant, le formiate d'ammoniaque.

$$CAzH + 2\,H^2O = CHO.O\,(AzH^4)$$

P. PHYSIOLOGIQUES. — C'est un poison foudroyant, 5 cgr. amènent la mort d'un homme. L'acide étendu est employé en médecine (eau de laurier-cerise) comme sédatif.

Cyanures métalliques.

Cyanure de potassium CAzK.

SYNTHÈSE. — En faisant passer sur du charbon et de la potasse portés au rouge un courant d'azote.

PRÉPARATION. — En décomposant le ferrocyanure de potassium par la chaleur.

$$(CAz)^6\,Fe^2\,K^4 = 2\,CFe + 4\,CAzK + Az^2$$

P. PHYSIQUES. — Cristaux blancs, très solubles dans l'eau, peu dans l'alcool. Il attire l'humidité et l'acide carbonique de l'air, en dégageant de l'acide cyanhydrique.

P. CHIMIQUES. — L'ébullition de sa solution donne de l'ammoniaque et du formiate d'ammonium. Il dissout les oxydes en formant des cyanures doubles.

USAGES. — Employé pour l'argenture et la dorure électrolytiques.

Cyanure de mercure. $(CAz)^2 Hg$.

PRÉPARATION. — En dissolvant l'oxyde mercurique dans un excès d'acide cyanhydrique.

P. PHYSIQUES. — Prismes solubles dans l'eau, insolubles dans l'alcool.

P. CHIMIQUES. — Chauffé, il se décompose en mercure et cyanogène. $(CAz)^2 Hg = Hg + (CAz)^2$.

Le CYANOGÈNE est un gaz brûlant avec une flamme pourpre, peu soluble dans l'eau. La solution de cyanogène dans l'eau s'altère avec le temps en donnant un isomère de couleur brune et de l'oxalate d'ammonium. Ce dernier résulte d'une hydratation du cyanogène ou oxalonitrile, suivant le mode général du passage des nitriles aux sels ammoniacaux correspondants.

$$\begin{array}{ccc} \begin{array}{c} CAz \\ | \\ CAz \end{array} & + \ 4\ H^2O = & \begin{array}{c} COO.AzH^4 \\ | \\ COO.AzH^4 \end{array} \\ \text{Cyanogène} & \text{Eau} & \text{Oxalate d'ammonium} \end{array}$$

Ferrocyanures

Les cyanures peuvent s'unir entre eux et former des sels doubles.

Tantôt ces cyanures doubles sont de vrais sels doubles, comme le cyanure de potassium et d'argent. Tantôt un des métaux semble uni au cyanogène d'une façon intime au point de ne plus être décelé par ses réactifs ordinaires. Les cuprocyanures, les ferrocyanures, les platinocyanures sont dans ce cas.

Nous étudierons seulement les ferrocyanures, dans lesquels $(CAz)^6$ Fe constitue le radical formant l'acide ferrocyanhydrique $(CAz)^6$ Fe H^4, dans lequel les 4 atomes d'hydrogène sont remplaçables par des métaux.

Ferrocyanure de potassium ou prussiate jaune

$$(CAz)^6 \ FeK^4. \ 3H^2O$$

PRÉPARATION. — En chauffant des matières animales avec du fer et de la potasse, au contact de l'air. On reprend par l'eau et on fait cristalliser.

P. PHYSIQUES. — Sel jaune citron, cristallisant avec 3 molécules d'eau. Il devient anhydre à 100°, soluble dans l'eau froide, insoluble dans l'alcool.

P. CHIMIQUES. — Il fond au rouge en donnant du cyanure de potassium et du carbure de fer. Les oxydants à froid, comme le chlore, le transforment en ferricyanure de potassium.

$$2 \ (CAz)^6 \ FeK^4 + O = (CAz)^{12} \ Fe^2 \ K^6 + H^2O$$

Les oxydants à chaud et même l'oxygène de l'air donnent du cyanate de potassium. L'acide azotique le transforme en nitroferrocyanure, ou *nitroprussiate* qui

donne une coloration pourpre avec les sulfures alcalins.
L'acide sulfurique concentré dégage de l'oxyde de carbone Le ferrocyanure de potassium précipite la plupart
des métaux, en donnant des composés insolubles et
fréquemment colorés; de là son emploi courant dans
l'analyse chimique qualitative.

Usages. — Il sert à préparer tous les autres ferrocyanures et cyanures. C'est un corps non toxique.

Bleu de prusse ou ferrocyanure ferrique

$$(CAz)^{18}Fe^7 + 18\ H^2O.$$

On le produit en précipitant un sel ferrique par le
ferrocyanure de potassium. C'est un corps bleu insoluble dans l'eau, soluble dans les solutions d'acide
oxalique. La potasse le détruit avec formation de ferrocyanure de potassium et d'oxyde de fer.

Ce composé est très utilisé dans la teinture en noir
de la soie.

Il est formé sur la fibre avec le ferrocyanure de
potassium et un persel de fer. Il est utilisé encore dans
la fabrication du papier bleu, etc.

Ferricyanure de potassium $(CAz)^{12}Fe^2K^6$

Ce composé se produit en oxydant par le chlore une
solution de ferrocyanure de potassium.

$$2(CAz)^6FeK^4 + Cl^2 = 2KCl + (CAz)^{12}Fe^2K^6$$

ferrocyanure de K   ferricyanure de K

Propriétés. — Cristaux rouge grenat, solubles dans
l'eau, peu solubles dans l'alcool. Ce sel ne précipite pas
les sels ferriques; il donne avec les sels ferreux un précipité bleu spécial (bleu de Turnbull). Il forme par
double décomposition des ferricyanures métalliques
souvent caractéristiques.

Acide isocyanique ou carbimide $CO.AzH$

Préparation. — En chauffant l'urée avec l'acide
phosphorique.

$$CO\Big\langle{\!\!{}^{AzH^2}_{AzH^2}} = AzH^3 + CO.AzH$$

Théoriquement, comme toutes les imides, la carbimide correspond au carbonate acide d'ammonium, avec
perte de deux molécules d'eau.

$$CO\Big\langle{\!\!{}^{OAzH^4}_{OH}} - 2\,H^2O = CO.AzH$$

Carbonate acide   Eau   carbimide
d'ammonium

Propriétés. — Liquide incolore, d'une odeur irritante,
instable au-dessus de 0°. Les solutions se décomposent
immédiatement. Il fournit des sels désignés à tort sous

le nom de *cyanates*. Il donne avec les alcools des éthers (éthers iso-cyaniques de Wurtz) CO.AzR qui sont décomposés par la potasse en carbonate de potasse et amines. Dans les véritables éthers cyaniques, l'azote n'est lié qu'au carbone devenu intermédiaire.

$$Az \equiv CO - CH^3 \quad et \quad CO = Az - CH^3$$

cyanate de méthyle   Isocyanate de méthyle

Alcalamides

On donne le nom d'*alcalamides* aux amines amides, le radical acide étant substitué à un atome d'hydrogène de l'amigène AzH^2 soit l'acétyl éthylamine.

$$(C^2H^5)AzH.(C^2H^3O)$$

Acide hippurique $(CH^2.CO^2H)AzH. (C^7H^5O)$

ÉTAT NATUREL. — Dans l'urine des herbivores.

FONCTION. — Alcalamide acide (benzoylglycocolle).

Le résidu de l'acide glycolique $(CH^2.CO^2H)$ et le benzoyle C^7H^5O, sont substitués aux hydrogènes de l'ammoniaque.

PRÉPARATION. — Un courant de chlore dans l'urine de

cheval donne un précipité d'acide hippurique incolore qu'on fait recristalliser dans l'eau bouillante.

Propriétés physiques. — Prismes quadrangulaires inodores. Se dissout peu dans l'eau froide, assez soluble dans l'eau bouillante et l'alcool, insoluble dans l'éther, ce qui le distingue de l'acide benzoïque.

Propriétés chimiques. — Il se décompose à 250° en acide benzoïque, benzonitrile et acide prussique. Les acides étendus ou les bases le dédoublent en acide benzoïque et glycocolle. Inversement, on peut le préparer synthétiquement en soudant ces deux corps avec élimination d'eau.

SÉRIE AROMATIQUE

Nous avons vu, par l'étude des carbures de la série grasse, que les composés *saturés* seuls possédaient une stabilité assez grande et ne pouvaient plus fixer de corps par addition. Il existe néanmoins des carbures (carbures aromatiques) qui tout en ne répondant pas à la formule des carbures saturés de la série grasse C^nH^{2+2n} possèdent une stabilité très grande. De plus, ces corps ne peuvent rien fixer par addition.

Ces composés, doués en général d'une odeur aromatique, dérivent tous du benzène C^6H^6.

En effet , le benzène ou benzine se comporte comme un carbure saturé; il peut, il est vrai, fixer six molécules de chlore en donnant l'hexachlorure de benzène $C^6H^6Cl^6$; mais ce composé est peu stable, il donne facilement le benzène trichloré $C^6H^3Cl^3$ et trois molécules d'acide chlorhydrique.

De plus les dérivés substitués, chlorés, bromés, etc., du benzène et en général de tous les carbures aromatiques sont bien plus stables que les dérivés correspondants de la série grasse.

Ainsi le benzène monochloré C^6H^5Cl n'est pas attaqué par la potasse, même à la température de 200°, tandis que l'éthane monochloré C^2H^5Cl se saponifie par la potasse même à froid.

Il en est de même pour les dérivés nitrés, qui sont instables dans la série grasse et qui, au contraire, dans la séric aromatique, peuvent être distillés sans décomposition.

Les carbures aromatiques à chaud, par l'acide sulfurique, donnent des dérivés très stables (dérivés sulfoconjugués), tandis que, dans les mêmes conditions, les carbures gras sont détruits.

Les carbures gras s'oxydént, avec facilité, sous l'influence du permanganate de potasse, ou de l'acide chromique, tandis que les carbures aromatiques résistent très bien.

Les carbures aromatiques, dérivant du benzène C^6H^6, sont très nombreux.

Les uns sont de simples homologues, par addition,

sur le noyau hexagonal, de chaînes latérales grasses, comme le toluène ou méthylbenzène, les xylènes ou diméthylbenzènes, etc.

Les autres, sans être des homologues, résultent également de l'addition d'une chaîne latérale comme le styrolène.

$$C^6H^5 - CH = CH^2$$

D'autres sont constitués par deux noyaux benzènes liés par une chaîne grasse comme le stilbène.

$$\begin{array}{c} C^6H^5 - CH \\ | \\ C^6H^5 - CH \end{array}$$

ou deux noyaux soudés comme le fluorène.

$$\begin{array}{c} C^6H^4 \\ | \rangle CH^2 \\ C^6H^4 \end{array}$$

ou deux noyaux fusionnés comme la naphtaline

$$C^6H^4 \Big\langle \begin{array}{c} CH = CH \\ | \\ CH = CH \end{array} \quad \text{etc., etc.}$$

Nous étudierons successivement ces hydrocarbures en nous basant sur le rapport du carbone à l'hydrogène.

Constitution du benzène

Par suite de la stabilité du benzène et des composés qui en dérivent, on a émis l'hypothèse (hypothèse de Kékulé) que ces composés devaient être en chaîne fermée, c'est-à-dire que les atomes de carbone devaient être unis entre eux, de façon à constituer une sorte d'anneau solide.

Cette structure est nécessaire pour expliquer la résistance des carbures aromatiques aux agents chimiques.

De plus, comme le benzène a été fait synthétiquement par soudure de trois molécules d'acétylène $CH \equiv CH$, on a groupé les six atomes CH aux sommets d'un hexagone régulier, comme l'indique le schéma suivant, dû à Kékulé

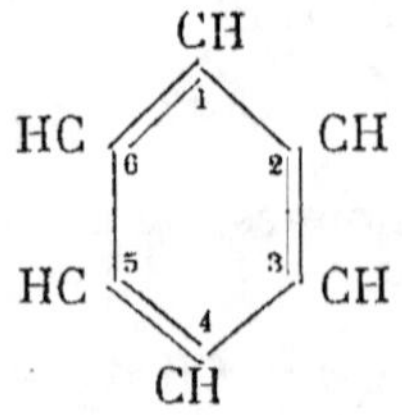

$$
\begin{array}{ccc}
 & CH & \\
HC & & CH \\
HC & & CH \\
 & CH &
\end{array}
$$

en réunissant, alternativement, par deux liaisons, les groupements CH, de façon à conserver au carbone sa tétravalence. On a également désigné par les nombres 1, 2, 3, 4, 5, 6 les sommets de l'hexagone.

Cette hypothèse étant admise, si nous faisons agir le chlore sur le benzène à chaud, nous pourrons avoir le composé

$$\begin{array}{c}
\text{Cl} \\
\text{HC} \overset{6}{\underset{5}{\bigcirc}} \overset{1}{\underset{4}{}} \overset{2}{\underset{3}{}} \text{CH} \\
\text{HC} \quad\quad \text{CH} \\
\text{CH}
\end{array}$$

appelé benzène monochloré; et, quel que soit le groupement CH sur lequel s'est faite la substitution, nous n'aurons qu'un seul dérivé monochloré.

Si nous continuons à faire agir le chlore, nous pourrons avoir trois dérivés bisubstitués $C^6H^4Cl^2$, qui auront les trois formules suivantes :

Ortho

Méta

Para

Le deuxième atome de chlore pouvant être substitué en position deux par rapport au premier, on aura un composé dit *ortho substitué;* et tous les composés bisubstitués ainsi, appartiennent à l'*orthosérie.*

Le deuxième atome de chlore peut être substitué en position trois, par rapport au premier; et l'on a un composé dit *méta substitué;* les corps formés ainsi appartiennent à la *métasérie.*

Le deuxième atome de chlore peut être substitué en position quatre par rapport au premier; et l'on a un composé *parasubstitué;* les corps formés ainsi appartiennent à la *parasérie.*

Comme la formule est symétrique, on remarquera que les positions 1, 2 et 1, 6 s'équivalent ainsi que 1, 3 et 1, 5.

Chose remarquable, l'expérience confirme les données de la théorie, et nous pouvons pratiquement raisonner sur ces schémas, comme si les réactions se faisaient dans des corps réellement de structure intime, comme Kékulé l'a imaginé.

Ces trois composés bisubstitués ont même formule; ils sont par conséquent *isomères* (isomérie de position).

A côté de l'isomérie de position, on doit signaler ce qu'on appelle l'isomérie par compensation. Par exemple les diméthylbenzines qui constituent trois isomères de position ont un quatrième isomère, correspondant également à la formule brute C^8H^{10}, c'est l'éthyl benzène.

Une des diméthylbenzène sera :

$$C-CH^3$$
$$HC \quad C-CH^3$$
$$HC \quad CH$$
$$CH$$

L'éthyl-benzène sera :

$$C-C^2H^5$$
$$HC \quad CH$$
$$HC \quad CH$$
$$CH$$

Dans l'éthylbenzène, il n'y a qu'un groupe substitué, au lieu de deux, mais ce groupe C^2H^5, plus riche en carbone que CH^3, fait *compensation*.

HYDROCARBURES BENZÉNIQUES C^nH^{2n-6}

Les hydrocarbures benzéniques possèdent tous pour noyau fondamental le benzène C^6H^6, sur lequel viennent se greffer des radicaux d'hydrocarbures de la série grasse. On donne le nom de *chaîne latérale* à ces groupements, et l'on appelle *noyau* le carbure générateur, qui dans ce cas, est la benzine.

Les hydrocarbures benzéniques sont très stables, et ils se trouvent en abondance dans le goudron de houille.

P. GÉNÉRALES. — Ils fournissent avec le chlore, brome, iode, des dérivés substitués, que nous verrons à l'étude spéciale de chacun de ces composés.

L'acide sulfurique concentré donne des dérivés spéciaux, *dérivés sulfoconjugués* qui possèdent des propriétés acides. Ainsi la benzine fournira l'acide benzinesulfonique

$$C^6H^6 + SO^4H^2 = H^2O + C^6H^5.\ SO^3H$$

L'acide nitrique fournira des dérivés nitrés. La benzine donnera ainsi la nitrobenzine.

$$C^6H^6 + AzO^2.\ OH = H^2O + C^6H^5.\ AzO^2$$

MODES DE FORMATION. — Tous les carbures homologues de la benzine peuvent être formés avec la benzine et le chlorure de méthyle, réagissant en présence du chlorure d'aluminium (méthode de Friedel et Crafts). On peut obtenir ainsi tous les homologues de la benzine.

$$C^6H^6 + CH^3.Cl = HCl + C^6H^5.\ CH^3$$
toluène ou
méthylbenzine

2° On peut les obtenir par l'action du sodium sur un mélange de bromure de méthyle et benzine monobromée (méthode Fittig et Tollens).

$$C^6H^5.\ Br + CH^3Br + 2\ Na = 2NaBr + C^6H^5.\ CH^3$$
toluène

PRÉPARATION. — On les retire du goudron de houille par distillation fractionnée.

USAGES. — Ces carbures servent à faire de nombreuses matières colorantes, ainsi que plusieurs composés ayant une très grande utilité, au point de vue médical.

Benzène C^6H^6 (benzine).

HISTORIQUE. — Découverte en 1825 par Faraday.

SYNTHÈSE. — En chauffant l'acétylène au rouge sombre (Berthelot).

$$3\ C^2H^2 = C^6H^6$$

PRÉPARATION. — On le retire des huiles légères de houille bouillant vers 80°-90°.

P. PHYSIQUES. — Liquide incolore, très mobile $(D = 0,9)$, cristallisant facilement vers zéro. Il bout à 80°,4. Il est insoluble dans l'eau, soluble dans l'alcool et le sulfure de carbone. Il dissout l'iode, le phosphore, le soufre, les résines, graisses, certains alcaloïdes, etc.

P. CHIMIQUES. — Le benzène brûle avec une flamme éclairante. Il s'unit à haute température avec l'éthylène en donnant le naphtalène et même de l'anthracène.

Le chlore, le brome, l'iode, l'acide azotique donnent des produits de substitution, chlorés, bromés, etc.

L'acide sulfurique donne trois dérivés sulfoconjugués

suivant les proportions de benzène et d'acide mis en présence. On a les composés :

$$C^6H^5.\ SO^3H,\ \text{puis}\ C^6H^4.\ (SO^3H)^2,\ \text{enfin}\ (C^6H^5)^2.\ SO^2$$

Le benzène retiré de la houille contient des traces de thiophène C^4H^4S que l'on reconnaît en agitant avec de l'acide sulfurique concentré et froid, qui donnera avec l'isatine une coloration bleu intense.

Usages. — Le benzène sert principalement à faire la nitrobenzine et l'aniline qui sont les bases de différentes matières colorantes (fuchsine).

Nitrobenzène ou essence de mirbane $C^6H^5.\ AzO^2$.

Historique. — Découverte par Mitscherlisch en 1834.

Préparation. — On fait agir l'acide azotique fumant sur le benzène

$$C^6H^6 + AzO^2.\ OH = C^6H^5.\ AzO^2 + H^2O$$

P. physiques. — Liquide jaunâtre, d'odeur d'amandes amères, bouillant à 213° sans décomposition, se solidifiant à $+ 3°$. $(D = 1,2)$. Insoluble dans l'eau, soluble dans l'alcool, l'éther, le benzène.

P. chimiques. — L'hydrogène naissant (acide acétique et limaille de fer) donne l'aniline.

$$C^6H^5.\ AzO^2 + 3\ H^2 = 2\ H^2O + C^6H^5.\ AzH^2$$

nitrobenzène   hydrogène   eau   aniline

Comme produits intermédiaires formés, nous signalons l'azoxybenzène $(C^6H^5)^2$. Az^2O, l'azobenzène $(C^6H^5)^2$ Az^2 et l'hydrazobenzène $(C^6H^5)^2$ Az^2H^2.

L'acide nitrique concentré et chaud le transforme en binitrobenzène C^6H^4 $(AzO^2)^2$.

P. PHYSIOLOGIQUES. — C'est un toxique qui, respiré, occasionne de violents maux de tête.

USAGES. — Employé en parfumerie pour remplacer l'essence d'amandes amères, et pour faire des matières colorantes.

Toluène ou méthylbenzène C^6H^5. CH^3.

HISTORIQUE. — Découvert par Pelletier et Valter (1838) et par Sainte-Claire-Deville dans le baume de tolu distillé.

SYNTHÈSE. — 1° Action du sodium sur un mélange de bromure de méthyle et de benzine monobromée (Fittig et Tollens) ;

$$C^6H^5Br + CH^3Br + 2\,Na = 2\,NaBr + C^6H^5.\,CH^3$$

2° Action du chlorure d'aluminium sur un mélange de benzène et de chlorure de méthyle (Friedel et Crafts).

$$C^6H^6 + CH^3Cl = HCl + C^6H^5.\,CH^3$$

CONSTITUTION. — Dérivé méthylé de la benzine.

PRÉPARATION. — On le retire des huiles légères de houille, en recueillant ce qui passe entre 110° et 120°.

P. PHYSIQUES. — Liquide incolore, bouillant à 110°,3, non cristallisable vers zéro. (D = 0,88). Insoluble dans l'eau, soluble dans l'alcool et l'éther.

P. CHIMIQUES. — Au rouge, il se décompose en donnant du dibenzile (C^7H^7 — C^7H^7) et du benzyltoluène C^6H^5 — CH^2 — C^6H^4 — CH^3. A basse température, le chlore se substitue dans le noyau aromatique et l'on a trois corps monochlorotoluènes isomériques $C^6H^4\Big\langle \begin{smallmatrix} CH^3 \\ Cl \end{smallmatrix}$, les groupements Cl occupant les positions 2 ou 3 ou 4 par rapport à CH^3. A chaud, le chlore se substitue dans le groupement CH^3 du toluène et on a le chlorure de benzyle C^6H^5 — CH^3Cl. L'acide nitrique et l'acide sulfurique donnent avec le toluène des dérivés substitués.

USAGES. — Le toluène sert à faire la saccharine, l'essence d'amandes amères ou aldéhyde benzylique, l'acide benzoïque, etc.

HOMOLOGUES SUPÉRIEURS DU TOLUÈNE

Il existe des homologues du toluène se rencontrant dans le goudron de houille et faits aussi par synthèse. On connaît ainsi :

1° Les *xylènes* ou diméthylbenzènes $C^6H^4 \Big\langle {{CH^3} \atop {CH^3}}$

comportant trois isomères :

$$orthoxylène \quad C^6H^4 \Big\langle {{CH^3\ 1} \atop {CH^3\ 2}}$$

$$métaxylène \quad C^6H^4 \Big\langle {{CH^3\ (1)} \atop {CH^3\ (3)}}$$

$$paraxylène \quad C^6H^4 \Big\langle {{CH^3\ (1)} \atop {CH^3\ (4)}}$$

2° Le *propylbenzène* $C^6H^5 - C^3H^7$, dérivé monosubstitué du benzène.

Les *éthyltoluènes* ou *méthyléthylbenzènes* $C^6H^4 \Big\langle {{CH^3} \atop {C^2H^5}}$

le *mésitylène* $C^6H^3 - (CH^3)^3$ ou *trimétylbenzène*, le *tétra-métylbenzène* $C^6H^2 - (CH^3)^4$, le *pentaméthylbenzène* $C^6H - (CH^3)^5$ et l'*hexaméthylbenzène* $C^6 - (CH^3)^5$ sont également connus.

HYDROCARBURES MOINS IMPORTANTS DÉRIVÉS DU BENZÈNE $C^nH^{n2.8}$.

1° *Styrolène* ou *cinnamène*

$$C^8H^8 \text{ ou } C^6H^5 - CH = CH^2$$

Liquide bouillant à 146° qui se trouve naturellement dans le styrax et se prépare, par synthèse, en condensant 4 fois l'acétylène par la chaleur

$$4C^2H^2 = C^8H^8$$
acétylène   styrolène

ou en soudant l'acétylène au benzène

$$C^6H^6 + C^2H^2 = C^8H^8$$
benzène   acétylène   styrolène

2° L'*allyl-benzine*

$$C^6H^5 - CH^2 - CH = CH^2$$

et le *phényl-propylène*

$$C^6H^5 - CH = CH - CH^3$$

GOUDRON DE HOUILLE OU COALTAR. — Ce produit, obtenu dans la distillation de la houille, sert à obtenir les différents carbures benzéniques. On utilise aussi le goudron comme désinfectant. Quelques goudrons, obtenus par distillation de schistes bitumineux, sont employés en médecine depuis quelque temps.

ICHTYOL. — On l'obtient par distillation sèche de schistes bitumineux, qui seraient constitués par des restes fossiles de poissons. Le produit obtenu est traité par l'acide sulfurique, puis ensuite neutralisé par la soude. On obtient ainsi un ichtyolate sodique $C^{28}H^{36}S^3Na^2O^5$

C'est une masse jaune brune, d'odeur repoussante, d'un goût salé amer. Ce corps est très miscible aux huiles, à la vaseline. Il est soluble partiellement dans l'eau, l'éther, l'alcool.

On l'emploie contre les maladies cutanées.

THIOL. — On l'obtient par l'action du soufre sur l'huile de gaz. Il existe dans le commerce sous deux formes :

1° Thiol liquide, sirupeux, brun rouge foncé. Il contient 35 à 40 0/0 de thiol solide.

2° Thiol solide qui est en lamelles ou en poudre.

Ces deux corps sont employés en médecine aux mêmes usages que l'ichtyol.

Hydrocarbures $C^n H^{2n-12}$

Naphtalène ou naphtaline

$$C^{10}H^8 \quad \text{ou} \quad C^6H^4 \begin{cases} CH = CH \\ \quad \quad | \\ CH = CH \end{cases}$$

HISTORIQUE. — Découverte par Garden en 1820.

SYNTHÈSE. — Par Berthelot en dirigeant dans un tube porté au rouge et contenant du cuivre un mélange d'hydrogène sulfuré et de sulfure de carbone

$$10CS^2 + 4H^2S + 24Cu = 24CuS + C^{10}H^8$$

CONSTITUTION. — On envisage la naphtaline comme formée par la soudure de deux noyaux benzéniques (Erlenmeyer 1868). On donne le nom d'α aux substitutions proches de la soudure de deux noyaux, et de β aux substitutions plus éloignées.

$$
\begin{array}{ccc}
\text{HC}\alpha & & \text{CH}\alpha \\
\text{HC}\beta & \text{C} & \text{CH}\,\beta \\
\text{CH}\,\beta & & \text{CH}\,\beta \\
\alpha\text{CH} & \text{C} & \text{CH}\alpha
\end{array}
$$

PRÉPARATION. — On la retire des huiles lourdes de houille soumises à la réfrigération. On comprime la naphtaline qui se sépare et on la sublime.

P. PHYSIQUES. — Corps solide cristallisé fondant à 78°,2 bouillant à 218°. La naphtaline a une odeur pénétrante, une saveur brûlante. Insoluble dans l'eau, très soluble dans l'alcool chaud, l'éther, la benzine. Ce corps distille avec la vapeur d'eau.

P. CHIMIQUES. — Les oxydants énergiques donnent de l'acide orthophtalique

$$
C^6H^4 \begin{cases} CO^2H\ (1) \\ CO^2H\ (2) \end{cases}
$$

Le chlore, le brome, l'acide sulfurique, l'acide azotique froid donnent des produits de substitution analogues aux dérivés benzéniques. L'acide picrique en solution donne une combinaison moléculaire cristallisée se décomposant facilement.

Usages. — La naphtaline est employée pour carburer le gaz d'éclairage et le rendre plus éclairant (albo-carbon). C'est un insecticide très employé. Ses dérivés, naphtols, jaune de Martius, etc., sont très utilisés.

Hydrocarbures C^nH^{2n-14}

Nous citerons :

1° Le *diphényle* $\begin{matrix} C^6H^5 \\ | \\ C^6H^5 \end{matrix}$

2° L'*acénaphtène* $C^{10}H^7 - CH = CH^2$, ce dernier fusible vers 100°, distillant vers 285°, existe dans le goudron de houille et renferme le noyau du naphtalène.

Hydrocarbures C^nH^{2n-16}

Nous citerons :

1° Le *fluorène* $\begin{matrix} C^6H^4 \\ | \\ C^6H \end{matrix} > CH^2$, fusible à 113°, bouillant à 295° qui existe dans le goudron de la houille.

2° Le *stilbène* $\begin{matrix} C^6H^5 - CH \\ | \\ C^6H^5 - CH \end{matrix}$ fusible à 120°.

Hydrocarbures $C^n H^{2n-18}$

Anthracène

$$C^{14}H^{10} \text{ ou } C^6H^4 \underset{CH}{\overset{CH}{\big\langle} \big\rangle} C^6H^4$$

HISTORIQUE. — Découvert par Dumas et Laurent.

SYNTHÈSE. — En traitant la benzine par le chlorure de méthylène en présence du chlorure d'aluminium (Friedel et Craft). On obtient ainsi l'hydrure d'anthracène

$$2CH^2Cl^2 + 2C^6H^5 = 4HCl + C^{14}H^{12}$$

Le dihydrure d'anthracène, traité par un oxydant peu énergique, donne l'anthracène

$$C^{14}H^{12} + O = H^2O + C^{14}H^{10}$$

CONSTITUTION. — L'anthracène est formé de deux noyaux benzéniques soudés entre eux par le groupement C^2H^2 pouvant être envisagé comme un résidu benzénique

$$C^6H^4 \underset{CH}{\overset{CH}{\big\langle} \big\rangle} C^6H^4$$

PRÉPARATION. — On recueille les produits de distillation des huiles lourdes bouillant vers 350° — 360°. On comprime le corps obtenu et on le purifie par sublimation.

P. PHYSIQUÈS. — Corps blanc quand il est chimiquement pur, légèrement fluorescent, ordinairement jaune. Il fond à 213° et bout à 360°. Insoluble dans l'eau, peu soluble dans l'alcool, soluble dans la benzine.

P. CHIMIQUES. — L'acide picrique donne une combi, naison moléculaire $C^{14}H^{10}, 2[C^6H^3O(AzO^2)^3]$. Le chlore, le brome, l'acide sulfurique donnent des dérivés substitués. L'acide azotique ne donne pas de dérivés nitrés. Les oxydants donnent de l'anthraquinone

$$C^6H^4 \diagup \begin{matrix} CO \\ \\ CO \end{matrix} \diagdown C^6H^4$$

USAGES. — Il sert à fabriquer l'alizarine artificielle.

Phénanthrène $C^{14}H^{10}$

Isomérique avec l'anthracène, a pour formule de constitution

$$\begin{matrix} C^6H^4 & — & CH \\ | & & \| \\ C^6H^4 & — & CH \end{matrix}$$

Il est en plaques incolores, douées d'une fluorescence bleuâtre ; il bout à 340° et fond à 100°.

Hydrocarbures $C^n H^{2n-22}$

Signalons le triphénylméthane, noyau de la rosaniline, qui a pour formule

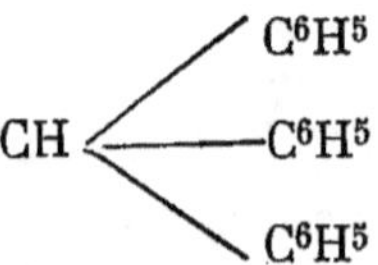

$$CH \begin{cases} C^6H^5 \\ C^6H^5 \\ C^6H^5 \end{cases}$$

Il cristallise en prismes brillants fusibles à 92°,5, bouillant à 355°.

LES PHÉNOLS

La substitution de OH à un atome d'hydrogène faisant partie d'un noyau aromatique engendre une série de corps, alcools particuliers qui ont reçu le nom de *phénols*. La benzine C^6H^6 donnera ainsi le *phénol ordinaire* $C^6H^5.OH$. Si la substitution de OH à l'hydrogène se fait sur une chaîne latérale d'un carbure aromatique, on engendre des *alcools aromatiques*. Ainsi, le toluène C^6H^5, CH^3 donnera, par substitution de OH à H sur le groupement CH^3, un véritable alcool primaire, C^6H^5, CH^2OH l'alcool benzylique.

Les phénols sont caractérisés par la propriété fondamentale de pouvoir s'éthérifier comme les alcools. Toutefois l'éthérification n'a pas lieu par l'action directe des acides, mais par réaction de ceux-ci à l'état naissant. Avec le perchlorure de phosphore on obtient l'éther chlorhydrique du phénol ; avec le chlorure d'acétyle on produit l'éther acétique. De plus, quelques-uns de ces éthers sont difficilement saponifiables.

Les phénols ne donnent pas d'aldéhyde ni d'acide correspondants. Ils se rapprochent ainsi des alcools tertiaires.

MODES GÉNÉRAUX DE FORMATION. — 1° En faisant le dérivé sulfoné du carbure générateur et fondant le corps obtenu avec de la potasse (Wurtz, Kékulé, Dussart).

$$C^6H^6 + SO^4H^2 = C^6H^5.SO^3H + H^2O$$
Benzine   A. sulfurique   A. benzinesulfonique   Eau

$$C^6H^5.SO^3H + KOH = SO^3KH + C^6H^5.OH$$
A. benzine sulfonique   Potasse   Sulfite de potassium   Phénol

2° En décomposant les amines aromatiques par le nitrite de soude en solution alcaline (Griess).

$$C^6H^5,AzH^2 + AzO,OH = Az^2 + C^6H^5,OH + H^2O$$
aniline   acide azoteux   azote   phénol   eau

3° En dédoublant les acides |diatomiques et monobasiques par la chaleur.

$$C^6H^4\!\!<^{COOH}_{OH} = C^6H^5.OH + CO^2$$

PROPRIÉTÉS GÉNÉRALES. — Les phénols ont en général une odeur aromatique spéciale. Ils sont peu solubles dans l'eau, solubles dans l'alcool, l'éther ; au contact des lessives alcalines ils donnent des phénates non-dissociés par l'eau froide, propriété qui les distingue des alcoolates.

$$2(C^6H^5)OH + Na^2 = H^2 + 2\ C^6H^5ONa$$
phénate sodique

L'eau détruit cette combinaison.

Les phénols forment des éthers par l'action des anhydrides ou des chlorures de radicaux d'acides.

$$C^{40}H^7.OH + C^2H^3O.Cl = HCl + C^{40}H^7.O.C^2H^3O$$
naphtol   chlorure d'acétyle   ether acétique du naphtol

Ces éthers se forment, il est vrai, difficilement, mais une fois obtenus ils sont très stables.

Les phénols s'éthérifient avec les alcools en donnant des éthers mixtes d'alcool et de phénol.

$$C^6H^5,OH + CH^3OH = C^6H^5.O.CH^3 + H^2O$$
phénol   alcool   éther méthylique
méthylique   du phénol ou anisol.

Les phénols chauffés avec le chloroforme et la potasse donnent des composés aldéhydiques et en même temps phénoliques. (Reimer et Tiemann).

$$C^6H^5.OH + CH\ Cl^3 + 3\ KOH = C^6H^4\!\!\begin{array}{l}\diagup CHO\\[2pt]\diagdown OH\end{array}$$
Phénol   Aldéhyde salicylique

$$+\ 2\ H^2O + 3\ KCl$$

L'acide carbonique se fixe sur les phénols en présence du sodium en donnant un acide phénol. (Kolbe).

$$C^6H^5.OH + Na^2 + CO^2 = C^6H^4\!\!\begin{cases} ONa \\ CO^2Na \end{cases}\!\! + H^2$$

Salicylate de Na

Les phénols oxydés ne donnent ni aldéhyde, ni acide correspondants, comme nous l'avons dit.

Le chlore, l'acide azotique, l'acide sulfurique donnent des produits de substitution.

$$C^6H^5.OH + AzO^2.OH = C^6H^5\!\!\begin{cases} OH \\ AzO^2 \end{cases}\!\! + H^2O$$

Phénol ordinaire ou acide phénique.$C^6H^5.OH$

Historique. — Découvert par Runge.

Synthèse. — Il se prépare synthétiquement en traitant le benzène sulfoné par la potasse fondante, ou, plus élégamment, en fixant directement l'oxygène sur la benzine en présence du chlorure d'aluminium.

$$C^6H^6 + O = C^6\,H^6O$$

benzène   phénol

Le premier procédé est appliqué dans l'industrie pour la préparation du phénol.

Préparation. — On agite les huiles de houille passant vers 150-200° avec la soude caustique qui forme un phénate soluble. On décompose la solution aqueuse obtenue, par l'acide sulfurique qui met en liberté le phénol peu soluble dans l'eau.

P. physiques. — Le phénol cristallise; il fond à 40-41° et bout à 182°3, sans altération. Il se dissout dans vingt parties d'eau froide.

Il est très soluble dans l'alcool, le benzène. Il est neutre au tournesol.

P. chimiques. — Il se dissout facilement dans les alcalis et l'ammoniaque. Il donne des nitrophénols avec l'acide nitrique; avec l'acide sulfurique des acides sulfoconjugués: avec l'acide oxalique il donne une matière colorante, l'acide rosolique.

Il fixe de l'acide carbonique, en présence de la soude et forme du salicylate de sodium (Kolbe).

$$C^6H^5.OH + Na^2 + CO^2 = C^6H^4\genfrac{}{}{0pt}{}{COO\,Na}{O\,Na} + H^2$$

Avec le chloroforme et la potasse il donne de l'aldéhyde salicylique.

$$C^6H^5.OH + CHCl^3 + 3\,KOH = C^6H^4\genfrac{}{}{0pt}{}{CHO}{OH}$$
$$+ 3\,KCl + 2\,H^2O$$

Il engendre avec l'acide phtalique une phtaléine utilisée dans l'alcalimétrie comme couleur de virage.

Le chlorure ferrique donne une coloration bleu violacée.

Le chlorure de chaux et l'ammoniaque donnent une coloration bleue. L'eau de brome précipite les solutions de phénol, en donnant du tribromophénol. Un copeau de sapin imprégné d'acide chlorhydrique et de phénol, puis exposé au soleil prend une teinte bleue.

Usages. — Le phénol est antiseptique et désinfectant. Il est très employé soit en solution à 1 0/0 et 5 0/0 à l'état de phénate sodique. Il est toxique à certaines doses et détermine un abaissement de température. Il sert à fabriquer l'acide picrique, l'aseptol et des matières colorantes.

Principaux dérivés du phénol

Acide picrique ou trinitrophénol $C^6H^2,(OH)(AzO^2)^3$

Historique. — Découvert par Woulfe en 1771 par réaction de l'acide azotique sur l'indigo.

Préparation. — On dissout le phénol dans l'acide sulfurique et l'on fait réagir l'acide azotique étendu de deux volumes d'eau.

P. physiques. — Prismes jaunes, très amers, fusibles à 122°5, solubles dans l'eau, beaucoup plus dans l'alcool et l'éther. 1 millig. colore 1 litre d'eau.

L'acide picrique est très acide.

P. chimiques. — Chauffé brusquement l'acide picrique détone en se décomposant.

Il donne des sels avec les bases : $C^6H^2 \cdot (OM)(AzO^2)^3$.

Les picrates de potassium, d'ammonium et d'alcaloïdes sont peu solubles dans l'eau, et peuvent être caractéristiques de ces bases.

L'acide picrique donne avec le cyanure de potassium de l'isopurpurate de potasse soluble en rouge intense dans l'eau. Cette réaction est caractéristique des cyanures.

Usages. — L'acide picrique et les picrates sont employés comme explosifs. Ils servent dans la teinture en jaune et ont quelquefois été utilisés par les falsificateurs pour donner de l'amertume à la bière.

On reconnaît l'acide picrique dans une boisson en faisant bouillir cette dernière avec une floche de soie décreusée qui se teint directement sans mordant.

Aseptol ou acide orthophénylsulfureux (acide sozolique).

$$C^6H^4 \begin{cases} SO^3H \ (1) \\ OH \ (2) \end{cases}$$

Préparation. — En mélangeant à froid parties égales de phénol et d'acide sulfurique concentré.

$$SO^4H^2 + C^6H^5.OH = H^2O + C^6H^4 \begin{cases} SO^3H \ (1) \\ OH \ (2) \end{cases}$$

Propriétés. — C'est un liquide fournissant des sels bien définis.

Il est très soluble dans l'eau, l'alcool, la glycérine. En faisant agir l'iode sur cet acide en solution alcaline, on a le *sozoïodol* ou acide sozoïolique, composé iodé utilisé comme l'iodoforme.

Le sozoïodol est soluble dans l'alcool, mais peu soluble dans l'éther; il se ramollit par la chaleur et se décompose à la lumière.

L'aseptol n'est ni toxique, ni caustique comme le phénol, et néanmoins il est plus antiseptique.

$$\textit{Crésols} \quad C_6H^4\!\!<^{CH^3}_{OH} \quad \textit{ou cresylols.}$$

Synthèse. — Les trois isomères ortho, méta, para-crésols peuvent être faits synthétiquement en fondant les acides sulfonés correspondants de toluène avec la potasse.

$$C^6H^4\!\!<^{SO^3H}_{CH^3} + KOH = SO^3KH + C^6H^4\!\!<^{OH}_{CH^3}$$

Préparation. — On peut les retirer en fractionnant par distillation le phénol obtenu avec le goudron de houille ou de bois.

Propriétés. — Les crésols rappellent beaucoup le phénol par leur odeur et leurs propriétés physiques. L'orthocrésol bout à 185°, le méta à 201° et le paracrésol à 202°. Ils colorent en bleu le perchlorure de fer

Les combinaisons iodées du crésol fixent à chaud l'acide carbonique et donnent

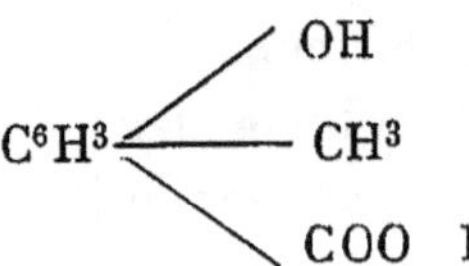

L'acide crésotinique, homologue supérieur de l'acide salicylique et employé aux mêmes usages.

Usages. — Antiseptiques et toxiques puissants à la manière du phénol.

Les produits pharmaceutiques appelés *zysol, solutol*, etc., sont des crésylates de soude plus ou moins impurs.

La *créoline* est un mélange de crésols et de naphtaline.

Le *solvéol* est composé de crésylol et de crésotinate de soude.

Thymol ou acide thymique

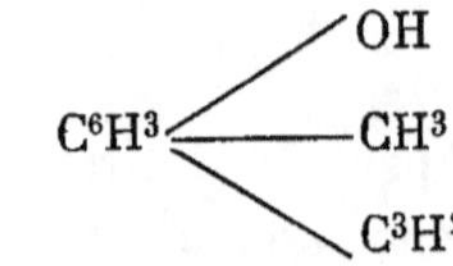

Etat naturel. — Dans l'essence de thym.

Constitution. — Phénol dérivé du paracymène. Il existe un deuxième isomère du thymol qui est le carvacrol, phénol contenu dans l'essence de sarriette.

Préparation. — On agite l'essence de thym avec la soude qui dissout le thymol. On précipite par un acide la solution sodique préalablement séparée de la portion non dissoute.

P. physiques. — Prismes volumineux fusibles à 46°, bouillant à 230°, peu soluble dans l'eau, très soluble dans l'alcool, l'éther et les solutions alcalines. Il possède une odeur agréable.

P. chimiques. — Le chlorure ferrique ne le colore pas. En solution alcaline et additionnée d'iode, dissout dans l'iodure de potassium, il se forme l'*aristol* ou *bioidothymol* $(C^{10}H^{13}OI)^2$.

Le bioidothymol est jaune rougeâtre, insoluble dans l'eau et la glycérine, peu soluble dans l'alcool, facilement dans l'éther et les huiles grasses.

Usages. — Le thymol est un antiseptique non toxique ; son dérivé iodé ou aristol est employé contre le lupus et le psoriasis.

Naphtols $C^{10}H^7$. OH.

La naphtaline fournit deux phénols isomères $C^{10}H^7$. OH conformément à l'hypothèse d'Erlemmeyer énoncée plus haut à propos de la naphtaline.

1° l'α naphtol

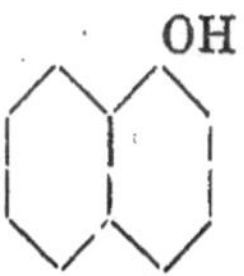

et le β naphtol

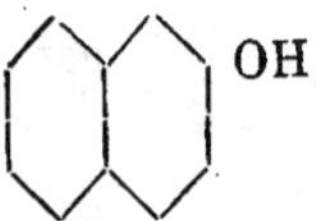

Naphtol α. $C^{10}H^7.OH$.

HISTORIQUE. — Découvert par Griess.

PRÉPARATION. — On le prépare par synthèse en fondant l'α naphtaline sulfonate de sodium avec le sodium.

$$C^{10}H^7.SO^3K + KOH = SO^3K^2 + C^{10}H^7.OH$$

P. PHYSIQUES. — Aiguilles ayant l'odeur du phénol, fondant à 94°, bouillant à 278°, peu soluble dans l'eau, soluble dans l'alcool, l'éther, le chloroforme.

Il se dissout dans les alcalis. La solution est colorée en violet par le chlorure de chaux. Le chlorure ferrique donne un précipité rouge violacé.

L'acide azotique donne un dérivé dinitré

$$C^6H^5\!<\!\!\begin{array}{l}OH\\(AzO^2)^2\end{array}$$

dont le sel de sodium constitue le *jaune de Martius* employé comme colorant. Cette matière colorante est toxique, son dérivé sulfoconjugué (jaune N S) ne l'est pas.

Usages. — Utilisé dans l'antiseptie intestinale jusqu'à 6 grammes par jour.

Naphtol β $C^{10} H^7 OH$

Préparation. — En fondant le β naphtaline sulfonate de sodium avec la potasse par la méthode générale.

Propriétés physiques. — Lamelles incolores fondant à 123°, bouillant à 285°, peu soluble dans l'eau, soluble dans l'alcool, l'éther et les solutions alcalines.

P. Chimiques. — Le chlorure de chaux le colore en jaune.

L'acide azotique à chaud donne une matière colorante β dinitronaphtol $C^{10} H^5 (OH)(AzO^2)$ ou *jaune de crocéine*.

Usages. — Aux mêmes usages que le naphtol α. Le naphtol β paraît plus toxique que le naphtol α (dose 2 grammes par jour).

Phénols polyvalents

Il existe des phénols polyvalents analogues aux alcools polyvalents de la série grasse. Si plusieurs hydrogènes d'un noyau aromatique sont substitués par plusieurs oxhydryles on a des corps possédant plusieurs fois la fonction phénol. On connaît ainsi les diphénols, $C^6H^4{<}^{OH}_{OH}$ triphénols $C^6H^3(OH)^3$, jusqu'à l'hexaoxy-benzine $C^6(OH)^6$, phénol hexavalent.

MODES DE FORMATION DES PHÉNOLS POLYVALENTS. — Ces corps se forment par les méthodes générales indiquées aux phénols monoatomiques. Ainsi on obtient les diphénols en fondant les dérivés disulfonés des carbures, ou les dérivés monosulfonés des phénols monoatomiques avec la potasse

$$C^6H^4 {<}^{OH}_{SO^3H} + HOH = SO^3KH = C^6H^4 {<}^{OH}_{OH}$$

A. monophénolsulfonique   Diphénol benzènique

2° On peut saponifier les éthers méthyliques de ces phénols. Ainsi le gaiacol, éther méthylique de la pyrocatéchine, donnera par saponification le diphénol correspondant

$$C^6H^4 {<}^{OH}_{OCH^3} + H^2O = C^6H^4 (OH)^2 + CH^3(OH)$$

Gaiacol   Pyrocatéchine   Alcool méthylique

PROPRIÉTÉS GÉNÉRALES. — Les diphénols sont en général plus oxydables et plus solubles dans l'eau que les monophénols correspondants. Ils donnent des réactions colorées avec le perchlorure de fer, excepté les paradiphénols ayant leurs oxhydryles substitués en position para l'un par rapport à l'autre.

La plupart des réactifs agissent sur ces phénols comme sur les phénols monoatomiques.

Phénols diatomiques

$$C^6H^4\left\langle\begin{array}{l}OH\\OH\end{array}\right.$$

On connaît les trois isomères prévus par la théorie

Pyrocatéchine ou orthodiphénol

$$C^6H^4\left\langle\begin{array}{l}OH\ (1)\\OH\ (2)\end{array}\right.$$

ETAT NATUREL. — Dans certains kinos.

MODE DE FORMATION. — Dans la distillation du cachou, et la fusion du benjoin avec la potasse.

SYNTHÈSE. — En fondant l'orthosulfophénol avec la potasse

$$C^6H^4\left\langle\begin{array}{l}SO^3HO\\OH\ (2)\end{array}\right. + KOH = SO^3KH + C^6H^5\left\langle\begin{array}{l}OH\\OH\end{array}\right.$$

PRÉPARATION. — En saponifiant son éther méthylique, le gaiacol retiré du goudron de bois

$$C^6H^4\left\langle\begin{array}{l}OH\ (1)\\OCH^3\ (2)\end{array}\right. + HI = C^6H^4\left\langle\begin{array}{l}OH\ (1)\\OH\ (2)\end{array}\right. + CH^3I$$

P. Physiques. — Prismes fondant à 104°, bouillant à 265°, assez soluble dans l'eau, l'alcool, l'éther, la benzine.

P. chimiques. — La pyrocatéchine réduit à chaud la liqueur de Fehling. Le perchlorure de fer donne une coloration verte. La solution précipite par l'acétate de plomb.

Résorcine ou métadiphénol

$$C^6H^4 \diagup \begin{array}{l} OH\ (4) \\ OH\ (3) \end{array}$$

Modes de formation. — Par la fusion du galbanum, de l'assa-fœtida, du sagapanum, de la gomme ammoniaque, etc., avec les alcalis.

Préparation. — Ce corps se produit par les méthodes générales d'obtention des diphénols au moyen des dérivés bisubstitués du phénol.

P. Physiques. — Cristaux incolores, assez solubles dans l'eau, l'alcool et l'éther, fondant à 100°, bouillant à 271°.

P. chimiques. — Elle réduit à chaud la liqueur de Fehling. Le perchlorure de fer donne une coloration violette. Chauffée avec l'anhydride phtalique elle donne la *fluorescéine*.

Usages. — Employée contre les maladies de la peau, et pour fabriquer l'éosine ou tribromofluorescéine.

Hydroquinone ou paradiphénol

$$C^6H^4\diagdown\begin{matrix}OH\ (1)\\ OH\ (4)\end{matrix}$$

MODE DE FORMATION. — Dans la distillation sèche de l'acide quinique.

PRÉPARATION. — 1° En réduisant la quinone par l'acide sulfureux.

$$C^6H^4O^2 + H^2 = C^6H^4(OH)^2$$

2° En dédoublant l'arbutine (glucoside) par les acides étendus.

$$\underset{\text{arbutine}}{C^{12}H^{16}O^7} + H^2O = \underset{\text{hydroquinone}}{C^6H^6O^2} + \underset{\text{glucose}}{C^6H^{12}O^6}$$

PROPRIÉTÉS. — Prismes très solubles dans l'eau, l'alcool et l'éther, fondant à $177°5$. Chauffée brusquement, l'hydroquinone est décomposée en quinone $C^6H^4O^2$ et hydrogène.

Les oxydants opèrent le même phénomène. Le perchlorure de fer ne donne pas de coloration.

USAGES. — Utilisée comme réducteur en photographie.

Orcine

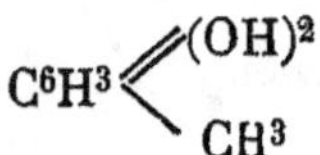

CONSTITUTION. — Diphénol correspondant au toluène.

PRÉPARATION. — On la retire des lichens qui contiennent de l'érythrine, éther diorsellique de l'érythrite que l'on saponifie par la chaux.

P. PHYSIQUES. — Elle fond à 106° et bout à 280°.

P. CHIMIQUES. — Elle se colore en rouge au contact de l'air. Le chlorure de chaux donne une coloration pourpre, puis jaune.

La décomposition de l'orcine au contact de l'air et de l'ammoniaque donne *l'orseille*, matière colorante violette.

Phénols triatomiques

Pyrogallol ou acide pyrogallique $C^6H^3\,(OH)^3$

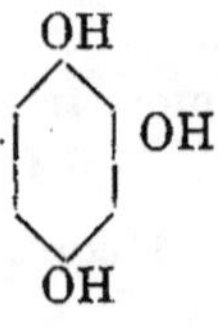

Ce corps possède des isomères peu importants.

SYNTHÈSE. — En fondant avec la potasse le parachlorosulfophénol.

$$C^6H^3 \Big\langle \begin{matrix} OH\ (1) \\ -SO^3\,H\ (2) \\ Cl\ (4) \end{matrix} + 2\,KOH = KCl + SO^3\,KH + C^6H^3\,(OH)^3$$

CONSTITUTION. — Phénol triatomique dérivé de la benzine.

PRÉPARATION. — En chauffant de l'acide gallique à 200° avec de l'eau.

$$C^6H^2\,(OH)^3.COOH = CO^2 + C^6H^3\,(OH)^3$$

P. PHYSIQUES. — Aiguilles blanches fusibles à 132°, bouillant à 210°. Très soluble dans l'eau, moins soluble dans l'alcool et l'éther.

P. CHIMIQUES. — Les solutions aqueuses, surtout en présence des alcalis, brunissent en absorbant l'oxygène de l'air.

Le pyrogallol est un réducteur puissant. Il est vénéneux.

USAGES. — Il est employé en photographie. Il est utilisé également en médecine, dans certaines affections cutanées.

Alcools aromatiques

Ces corps dérivent tous des carbures aromatiques ayant une chaîne latérale. Ainsi le toluène $C^6H^5.CH^3$ donnera un alcool par substitution de OH à H dans son groupement CH^3 : on aura $C^6H^5.CH^2.OH$ qui est l'alcool benzylique.

MODES DE FORMATION DES ALCOOLS AROMATIQUES. — Ces alcools sont engendrés : 1° par saponification des dérivés chlorés correspondants. Ainsi le toluène monochloré $C^6H^5. CH^2Cl$ donnera par saponification l'alcool benzylique.

$$C^6H^5.CH^2Cl + H^2O = C^6H^5.CH^2OH + HCl$$

2° En hydrogénant les aldéhydes correspondants :

$$C^6H^5.CHO + H^2 = C^6H^5,CH^2OH$$

3° En traitant par la potasse alcoolique les aldéhydes aromatiques (Cannizaro). On obtient ainsi un mélange de l'alcool et de l'acide correspondants de cette aldéhyde

$$2(C^6H^5,CHO) + KOH = C^6H^5.CH^2.OH + C^6H^5,COOK$$
Aldéhyde benzylique   alcool benzylique   benzoate de K

PROPRIÉTÉS. — Les propriétés générales des alcools aromatiques sont celles que nous avons indiquées pour les alcools de la série grasse.

Alcool benzylique C^6H^5,CH^2OH

HISTORIQUE. — Découvert par Cannizaro en 1853.

SYNTHÈSE. — En saponifiant le toluène monochloré.

$$C^6H^5.CH^2Cl + H^2O = C^6H^5.CH^2OH + HCl$$

PRÉPARATION. — 1° Par synthèse ; 2° en traitant par la potasse alcoolique, l'aldéhyde benzylique ou essence d'amandes amères.

P. PHYSIQUES. — Liquide d'odeur agréable bouillant à 206°. Insoluble dans l'eau, soluble dans l'alcool et l'éther.

P. CHIMIQUES. — Les oxydants fournissent d'abord une aldéhyde, l'aldéhyde benzylique ou essence d'amandes amères

$$C^6H^5.CH^2OH + O = C^6H^5.CHO + H^2O$$

puis ensuite de l'acide benzoïque

$$C^6H^5.CH^2OH + O^2 = C^6H^5,COOH + H^2O$$

Cholestérine ou alcool cholestérique $C^{26}H^{44}O + H^2O$

CONSTITUTION. — M. Berthelot a prouvé dans ce corps la fonction alcool par la préparation de ses éthers.

PRÉPARATION. — On l'extrait des calculs biliaires par l'alcool bouillant qui dépose par refroidissement des lames rhomboïdales minces.

PROPRIÉTÉS. — Ce corps fond à 137°. Il est insoluble dans l'eau, les acides étendus, les alcalis, très soluble dans l'éther et le chloroforme.

La cholestérine se produit dans l'organisme chaque fois que les phénomènes d'oxydation sont ralentis.

Alcools phénols

Ce sont des corps possédant ces deux fonctions ; un seul est important, la saligénine.

Saligénine ou alcool salicylique

$$C^6H^4 \diagup{\!\!\!\!}_{\diagdown OH}^{CH^2OH}$$

Historique. — Découvert par Piria en dédoublant la salicine.

Constitution. — Alcool phénol.

Préparation. — On dédouble son glucoside la salicine par l'eau.

$$C^{13}H^{18}O^7 + H^2O = C^6H^{12}O^6 + C^7H^8O^2$$
$$\text{salicine} \qquad\qquad \text{glucose} \quad \text{alcool salicylique}$$

Propriétés. — Cristaux fusibles à 82° et sublimables, solubles dans l'eau, bleuissant par le perchlorure de fer ; ils donnent par oxydation l'acide phénol correspondant ou acide salicylique

$$C^6H^4 \diagup{\!\!\!\!}_{\diagdown OH}^{COOH}$$

Usages. — Son glucoside, la salicine retirée du saule, d'une amertume très grande, sert quelquefois à falsifier le sulfate de quinine. La salicine se colore en rouge par l'acide sulfurique concentré.

Aldéhydes aromatiques

Ces corps dérivent des alcools aromatiques correspondants et possèdent les propriétés générales des aldéhydes de la série grasse, seulement l'action de la potasse au lieu de les résinifier comme les aldéhydes grasses engendre un mélange de l'alcool correspondant et d'acide aromatique.

Aldéhyde benzylique ou essence d'amandes amères

$$C^6H^5.CHO$$

Synthese. — En oxydant l'alcool benzylique ou le chlorure de benzyle par le nitrate de cuivre et l'eau.

$$2C^6H^5.CH^2Cl + (AzO^3)^2Cu =$$

$$2C^7H^6O + AzO^2 + AzO + H^2O + CuCl^2$$

Préparation. — 1° Par synthèse ;

2° En dédoublant son glucoside, l'amygdaline contenue dans les amandes amères par un ferment soluble l'émulsine ou les acides étendus.

$$C^{20}H^{27}O^{11}Az + 2H^2O = C^7H^6O + CAzH + 2C^6H^{12}O^6$$

P. physiques. — Liquide incolore plus dense que l'eau, très [réfringent, d'une odeur caractéristique. Il bout à 179·4. Il est peu soluble dans l'eau froide, très soluble dans l'alcool et l'éther.

P. chimiques. — L'hydrogénation par l'amalgame de sodium donne l'alcool correspondant, l'alcool benzylique. Les oxydants le transforment en acide benzoïque. L'aldéhyde benzylique, retirée des amandes et contenant un peu d'acide prussique, donne spontanément un composé analogue à l'aldol de Wurtz, la benzoïne insoluble et cristallisée.

$$2(C^6H^5,CHO) = \begin{array}{l} CHOH - C^6H^5 \\ | \\ CO - C^6H^5 \end{array}$$

benzoïne

Usages. — Utilisée en parfumerie. Le vert malachite est obtenu par l'aldéhyde benzylique et la diméthylaniline.

Aldéhydes phénols

Aldéhyde salicylique

$$C^6H^4 \diagup \overset{CHO\ (1)}{\underset{OH\ (2)}{}}$$

ÉTAT NATUREL. — Dans l'essence de reine des prés *(spirea ulmaria)*.

SYNTHESE. — En traitant le phénol par la soude et le chloroforme (Reimer et Tieman).

$$C^6H^5.OH + 3\,NaOH + CHCl^3 = 3\,NaCl +$$

$$C^6H^4 \diagup \overset{CHO}{\underset{OH}{}} + 2\,H^2O$$

CONSTITUTION. — Aldéhyde phénol dérivée du benzène.

PROPRIÉTÉS. — Le chlorure ferrique donne une coloration violette. Chauffée avec l'anhydride acétique on a la *coumarine*

$$C^6H^4 \diagup \overset{CH = CH}{\underset{O}{}} \diagdown CO$$

d'une odeur agréable de foin coupé. La coumarine se rencontre dans beaucoup de végétaux.

Acides phénols

Acide salicylique ou orthoxybenzoïque

$$C^6H^4 \diagup^{COOH}_{\diagdown OH}$$

HISTORIQUE. — Découvert par Piria.

ETAT NATUREL. — Dans l'essence de Wintergreen | ou salicylate de méthyle.

SYNTHESE. — En traitant le phénol sodé par l'acide carbonique.

$$2\,(C^6H^5ONa) + CO^2 = C^6H^4 \diagup^{CO^2Na}_{\diagdown ONa} + C^6H^5.OH$$

CONSTITUTION. — Acide phénol dérivé. de la benzine.

PRÉPARATION. — On suit dans la pratique le procédé synthétique.

P. PHYSIQUES. — Aiguilles fusibles à 158°, décomposables partiellement par la chaleur. Peu soluble dans l'eau froide, soluble dans l'alcool et [l'éther, insoluble dans le sulfure de carbone.

P. CHIMIQUES. — Le chlorure ferrique donne une coloration violette. C'est un acide monobasique qui peut, [néanmoins, grâce à sa fonction phénol, donner des sels bibasiques. Le salicylate de soude basique $C^7H^5O^3\,2\,Na$, H^2O est employé en médecine comme spécifique du rhumatisme aigu à la dose de 2 à 6 gr. par jour. Ce sel est très soluble dans l'eau. Les salycilates de quinine, de lithine et de bismuth sont également utilisés en médecine.

L'acide salicylique fournit un dérivé iodé, l'acide *diiodosalicylique* utilisé contre le rhumatisme chronique.

Salol $C^{13}H^{10}O^3$

HISTORIQUE. — Découvert par Nencki.

SYNTHÈSE. — En faisant agir le phénol sur l'acide salicylique en présence de l'acide sulfurique.

$$C^6H^4\underset{OH}{\overset{COOH}{\diagdown}} + C^6H^5.OH = H^2O + C^6H^4\underset{OH}{\overset{COO.C^6H^5}{\diagdown}}$$

CONSTITUTION. — Ether phénylique de l'acide salicylique.

PRÉPARATION. — On suit dans la pratique le procédé synthétique.

PROPRIÉTÉS. — Poudre blanche, d'odeur agréable, fondant à 132°; insoluble dans l'eau, soluble dans l'alcool et l'éther.

Le perchlorure de fer le colore en violet.

Usages. — Antirhumatismal (3 à 5 gr. par jour). Il se dédouble dans l'intestin en ses deux composants phénol et acide salicylique.

$$\textit{Acide gallique} \quad C^6H^2 \begin{cases} (COOH) \\ (OH)^3 \end{cases}$$

Historique. — Découvert par Scheele.

Synthèse. — En chauffant l'acide diiodosalicylique avec la potasse (Lautemann).

$$C^6H^2I^2(OH)COOH + 3\ KOH = 3\ KI +$$

$$H^2O + C^6H^2(OH)^3.COOK$$
gallate de K

Constitution. — Acide triphénol dérivé de la benzine.

Préparation. — En dédoublant son anhydride, le tannin, par fermentation en présence de l'eau.

$$\underset{\text{tannin}}{C^{14}H^{10}O^2} + H^2O = \underset{\text{A. gallique}}{2\ C^7H^6O^5}$$

P. physiques. — Il cristallise avec une molécule d'eau qu'il perd à 100°. Soluble dans 100 parties d'eau froide, très soluble dans l'alcool, peu dans l'éther. Il fond à 200° en se décomposant en acide carbonique et pyrogallol.

P. CHIMIQUES. — Le chlorure ferrique donne un précipité bleu noir. Il précipite l'acétate de plomb. C'est un réducteur puissant, se colorant rapidement à l'air. L'eau de chaux donne une coloration bleue puis verte. C'est un acide et phénol triatomique qui peut former des sels neutres $C^6H^2(OH)^3.CO^2M$ et des sels basiques $C^6H^2(OM)^3.CO^2M$ renfermant 4 atomes de métal.

USAGES. — Il sert à faire le pyrogallol.

TANNINS

Les tannins dont le tannin de chêne est le type, sont des corps ayant tous pour caractères : d'être amorphes, facilement solubles dans l'eau, d'avoir une saveur astringente, de précipiter les sels ferriques, la gélatine, les alcaloïdes, etc.

Les tannins sont tirés des végétaux. Le café, le quinquina, le bois jaune, le quercitron, renferment des tannins différents par leurs propriétés et leur constitution.

Tannin du chêne ou acide gallotannique $C^{14}H^{10}O^9$

ETAT NATUREL. — Dans les galles de chêne, excroissances produites par la pipûre d'un cynips.

HISTORIQUE. — Découvert par Lewis (au XVIIe siècle).

SYNTHÈSE. — En soudant deux molécules d'acide gallique par l'oxychlorure de phosphore (Schiff).

$$2\,(C^7H^6O^5) = H^2O + C^{14}H^{10}O^9$$

CONSTITUTION. — C'est un anhydride digallique, dont la formule rationnelle est :

$$C^6H^2 \begin{cases} COOH \\ (OH)^2 \end{cases}$$

$$O$$
$$/$$
$$C^6H^2 \begin{cases} \overset{|}{CO} \\ (OH)^3 \end{cases}$$

P. PHYSIQUES. — Masse non cristalline, jaune clair, très soluble dans l'eau, moins soluble dans l'alcool, insoluble dans l'éther. Peu soluble dans les acides et les solutions salines.

P. CHIMIQUES. — L'ébullition avec les acides dilués hydrate le tannin et donne l'acide gallique. Les sels ferriques donnnt un précipité bleu noir (encre ordinaire). Les sels ferreux ne sont pas précipités. Il réduit les sels de cuivre, de mercure. d'argent. Il précipite la plupart des alcaloïdes, la gélatine, l'albumine. Le précipité de tannate d'albuminoïde est imputrescible.

USAGES. — Les tannins sont utilisés dans l'industrie pour le tannage des peaux.

Phénols éthers

Gayacol

$$C^6H^4 \underset{OCH^3}{\overset{OH}{<}}$$

HISTORIQUE. — Retiré par Sobrero de la résine de gayac.

ETAT NATUREL. — Dans les créosotes de bois.

CONSTITUTION. — Ether méthylique de la pyrocatéchine.

PRÉPARATION. — On le retire des produits de distillation de la créosote bouillant vers 200°-205°.

PROPRIÉTÉS. — Liquide incolore, bouillant à 200°. Insoluble dans l'eau, soluble dans l'alcool, les alcalis, l'acide acétique. Chauffé avec l'iodure de méthyle il donne un diéther, le *veratrol*

$$C^6H^4 \underset{OCH^3}{\overset{OH}{<}} + CH^3I = C^6H^4 \underset{OCH^3}{\overset{OCH^3}{<}} + HI$$

USAGES. — Utilisé en médecine contre la phthisie (20 centigr. à 1 gr.).

Créosote

Ce liquide assez complexe est retiré des produits de la distillation du bois de hêtre.

CONSTITUTION. — La créosote est formée en majeure partie du gayacol. Elle contient aussi des crésols

$$C^6H^4 \begin{cases} CH^3 \\ OH \end{cases}$$

du créosol

$$C^6H^3 \begin{cases} CH^3 \\ O(CH^3 \\ OH \end{cases}$$

ainsi que divers éthers méthyliques du gayacol et du pyrogallol.

PROPRIÉTÉS. — C'est un liquide jaune, se colorant à l'air. Il a une odeur caractéristique. Ce liquide est peu soluble dans l'eau, très soluble dans l'alcool, les huiles, insoluble dans la glycérine. Le perchlorure de fer donne une coloration verte.

USAGES — Antiseptique, il coagule l'albumine. Les viandes fumées contiennent un peu de créosote. On l'emploie contre la phthisie, 1 à 2 gr. par jour.

Vanilline

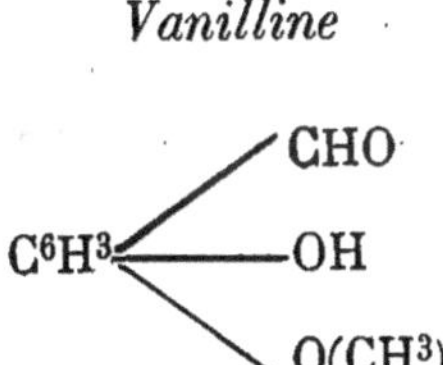

$$C^6H^3 {\Large\langle} \begin{array}{l} CHO \\ OH \\ O(CH^3) \end{array}$$

ETAT NATUREL. — Dans les gousses de vanille dont elle constitue le parfum.

SYNTHÈSE. — Par Reimer et Tieman en faisant agir le chloroforme et la potasse sur le gayacol.

$$C^6H^4 {\Large\langle} \begin{array}{l} OH \\ O\,CH^3 \end{array} + CH\,Cl^3 + 3\,KOH = 3\,K\,Cl + 2\,H^2O +$$

$$C^6H^3 {\Large\langle} \begin{array}{l} CHO \\ OH \\ O(CH^3) \end{array}$$

CONSTITUTION. — Aldéhyde dérivée de l'éther méthylique de la pyrocatéchine.

PRÉPARATION. — 1° Par synthèse: 2° en la retirant de la vanille par l'éther.

PROPRIÉTÉS. — Prismes fusibles à 80° sublimables, peu solubles dans l'eau froide, très solubles dans l'eau bouillante, les alcalis, l'alcool et l'éther.

Le perchlorure de fer donne une coloration bleue. La solution dans l'éther, additionnée de sulfite acide de soude, donne une combinaison insoluble.

LES QUINONES

Les quinones ont tout d'abord été définis des aldéhydes aromatiques spéciales dérivant des phénols bivalents, dont les oxhydryles sont en situation *para* l'un par rapport à l'autre.

Ainsi l'hydroquinone ou paradiphénol

$$C^6H^4 \begin{cases} OH\ (1) \\ OH\ (4) \end{cases}$$

donne en s'oxydant la quinone ordinaire

$$C^6H^4 \begin{cases} O \\ | \\ O \end{cases}$$

Les quinones régénèrent, par hydrogénation, les diphénols correspondants. Aujourd'hui on admet des ortho quinones et peut-être des métaquinones avec les deux CO, soit en ortho, soit en méta.

Modes de formation. — On peut les obtenir :

1° En oxydant les diphénols ;

2° En oxydant certaines amines. Ainsi en oxydant l'aniline $C^6H^5AzH^2$, on a la quinone ordinaire $C^6H^4O^2$;

3° Par oxydation des carbures correspondants.

Quinone ordinaire $C^6H^4O^2$

PRÉPARATION. — En oxydant l'aniline par le bichromate de potasse et l'acide sulfurique et reprenant par l'éther qui dissout la quinone.

P. PHYSIQUES. — Aiguilles jaune d'or, d'une odeur irritante.

Elle fond à 115°. Ce corps est peu soluble dans l'eau, très soluble dans l'alcool et l'éther.

P. CHIMIQUES. — Les [réducteurs, l'acide sulfureux transforment la quinone en hydroquinone

$$C^6H^4O^2 + H^2 = C^6H^4\begin{cases} OH\ (1) \\ OH\ (4) \end{cases}$$

Si la réduction est incomplète, on a une combinaison de quinone et d'hydroquinone, appelée quinhydrone cristallisée en beau vert.

Anthraquinone

$$C^6H^4 \diagdown \begin{matrix} CO \\ CO \end{matrix} \diagup C^6H^4$$

HISTORIQUE. — Découverte par Laurent.

SYNTHÈSE. — En oxydant l'anthracène synthétique par l'acide chromique (Grœbe et Liebermann).

$$C^{14} H^{10} + O^3 = H^2O + C^{14} H^8 O^2$$

CONSTITUTION. — Ce n'est pas une véritable quinone, c'est une diacétone aromatique.

PRÉPARATION. — En oxydant l'anthracène par l'acide chromique.

P. PHYSIQUES. —Cristaux jaunes insolubles dans l'eau, peu solubles dans l'alcool. Ce corps fond à 270° et se sublime au-delà.

P. CHIMIQUES. — Les réducteurs donnent une anthra-hydroquinone

$$C^6H^4 \diagdown \begin{matrix} C\,(OH) \\ C\,(OH) \end{matrix} \diagup C^6H^4$$

L'acide sulfurique donne des acides mono et disulfonés.

Le dérivé dihydroxylé de l'anthraquinone

$$C^{14}H^6 \begin{cases} (OH)^2 \\ O^2 \end{cases}$$

constitue l'alizarine.

Alizarine ou dioxyanthraquinone

$$C^6H^4 \begin{cases} CO \\ CO \end{cases} C^6H^2 (OH)^2$$

État naturel. — Dans la garance.

Historique. — Découverte par Robiquet et Colin en 1826 dans la garance, et faite par synthèse en 1868 par Græbe et Liebermann.

Synthèse. — En fondant la dibromoanthraquinone ou le disulfoanthraquinonate de potasse avec la potasse.

$$C^6H^4 \begin{cases} CO \\ CO \end{cases} C^9H^2Br^2 + 2\ KOH = 2\ KBr +$$

$$C^6H^4 \begin{cases} CO \\ CO \end{cases} C^6H^2(OH)^2$$

Préparation. — 1° Par synthèse; 2° en dédoublant son glucoside l'acide rubérythrique qui existe dans la racine de garance.

P. PHYSIQUES. — Aiguilles rouges fusibles à 289°, sublimables. Insolubles dans l'eau froide, solubles dans l'éther et la benzine.

Elle se dissout dans les alcalis, grâce à sa fonction phénolique.

P. CHIMIQUES. — L'alizarine se décompose dans un tube porté au rouge en donnant de l'anthracène.

Les oxydants la transforment en trioxyanthraquinone ou *purpurine* $C^{14} H^5 (OH)^3 O^2$.

USAGES. — Elle sert à teindre en rouge vif (rouge turc). En présence des sels de fer, on a une teinture violette.

ACIDES AROMATIQUES

Les acides aromatiques jouissent en général des propriétés des acides gras.

On les obtient généralement en oxydant les aldéhydes ou les dérivés chlorés des carbures correspondants.

On peut aussi traiter les dérivés cyanés des hydrocarbures par la potasse, ces dérivés cyanés étant obtenus en traitant l'hydrocarbure chloré ou sulfoné par le cyanure de potassium.

$$C^6 H^5 (SO^3 H) + CAz K = C^6 H^5 . CAz + SO^3 K H$$
benzine sulfonée   cyanure de phényle

$$C^6 H^5 CAz + KHO + H^2O = C^6H^5.CO.OK + AzH^3$$
benzoate de K

On peut aussi faire agir l'oxychlorure de carbone sur les hydrocarbures en présence du chlorure d'aluminium (Friedel).

$$C^6 H^6 + COCl^2 = C^6H^5.COCl + HCl$$

On traite ensuite par l'eau le chlorure obtenu.

$$C^6H^5.COCl + H^2O = C^6H^5.COOH + HCl$$

Acides monobasiques

Acide benzoïque $C^6H^5.CO.OH$.

ÉTAT NATUREL. — Dans le benjoin, baume de tolu, gayac et dans l'urine fermentée des herbivores.

SYNTHÈSE. — Action de l'acide carbonique sur la benzine en présence du chlorure d'aluminium (Friedel et Crafts).

$$C^6 H^6 + CO^2 = C^6 H^5. CO. OH$$

PRÉPARATION. — 1° En oxydant le toluène ou le chlorure de benzyle par l'acide azotique étendu ;
2° Par sublimation du benjoin.

P. PHYSIQUES. — Lames nacrées, incolores, inodores. L'acide du benjoin a une légère odeur d'origine, due au benjoin. Il fond à 121° et se sublime à 145°. Très peu soluble dans l'eau froide, soluble dans l'eau bouillante, très soluble dans l'alcool et l'éther.

P. CHIMIQUES. — Chauffé avec de la chaux, il donne de la benzine (Mitscherlisch).

$$C^6H^5.COOH + CaO = CO^3 Ca + C^6H^6$$

Les sels sont tous solubles dans l'eau. Le benzoate de chaux, que l'on peut faire en traitant le benjoin par la chaux et l'eau, est soluble dans 20 parties d'eau froide.

Le perchlorure de phosphore transforme l'acide benzoïque en chlorure de benzoïle C^6H^5. CO Cl, et en continuant l'action, on obtient du phénylchloroforme $C^6H^5 CCl^3$.

Le chlore agit de la même façon. L'acide nitrique donne des dérivés nitrés.

Acide hippurique

$$\begin{array}{l} C^6H^5.CO \diagdown \\ \qquad\qquad\quad {\diagup}AzH \\ COOH - CH^2 \diagup \end{array}$$

C'est une combinaison d'acide benzoïque et de glycocolle, existant dans l'urine des herbivores. Ce composé, par hydratation par les alcalis ou les acides dilués, régénère l'acide benzoïque et le glycocolle.

Acide cinnamique $C^6H^5.CH = CH.CO^2H$.

Etat naturel. — Dans le styrax et les baumes du Pérou et de tolu.

Préparation. — En oxydant l'aldéhyde correspondante ou aldéhyde cinnamique renfermée en grande quantité dans l'essence de cannelle.

Propriétés. — Il fond à 133° et bout à 297° en se décomposant.

Acide atropique

$$C\,H^5\underset{\diagdown CO^2H}{\overset{\diagup C = CH^2}{\big\langle}}$$

est un isomère de l'acide cinnamique. On l'obtient en dédoublant l'atropine par l'eau de baryte.

Acides aromatiques bibasiques.

Un seul dérivé est important, c'est l'acide orthophtalique

$$C^6H^4\underset{\diagdown COOH\,(2)}{\overset{\diagup COOH\,(1)}{\big\langle}}$$

Acide phtalique ordinaire ou orthophtalique.

HISTORIQUE. — Découvert par Laurent en oxydant le tétrachlorure de naphtaline.

SYNTHÈSE. — [En oxydant la naphtaline ou l'orthoxylène.

CONSTITUTION. — Acide bibasique dérivé de la benzine.

PRÉPARATION. — En oxydant la naphtaline ou son tétrachlorure par l'acide chromique.

P. PHYSIQUES. — Tables fusibles à 182°, se dédoublant au-dessus en anhydride phtalique et eau.

$$C^6H^4{<}{\overset{COOH}{\underset{COOH}{}}} = H^2O + C^6H^4{<}{\overset{CO}{\underset{CO}{}}}{>}O$$

L'acide phtalique est peu soluble dans l'eau froide ; très soluble dans l'eau bouillante, l'alcool et l'éther.

P. CHIMIQUES. — Chauffé avec de la chaux, il donne de la benzine.

$$C^6H^4 (COOH)^2 + 2\ CaO = 2\ CO^3\ Ca + C^6H^6.$$

L'anhydride phtalique fournit avec les phénols des *phtaléines.*

PHTALÉINES

Les phtaléines, découvertes en 1871 par Bœyer, proviennent de l'union de l'anhydride phtalique avec les phénols, avec élimination d'eau. Le phénol ordinaire C^6H^5 (OH), par deux molécules réagissant sur l'anhydride phtalique

$$C^6H^4 \diagup^{\displaystyle CO}_{\displaystyle CO} \diagdown O$$

donne ainsi la phtaléine du phénol. Les deux atomes d'hydrogène provenant des deux molécules du phénol formant de l'eau avec un atome d'oxygène emprunté à un groupement CO

$$C^6H^4 \diagup^{\displaystyle CO}_{\displaystyle CO} \diagdown O + 2\, C^6H^5.OH =$$

$$C^6H^4 \diagup^{\displaystyle C} _{\displaystyle C\,O} \diagdown^{[C^6H^4.OH]^2}_{\displaystyle \quad O} + H^2O$$

On facilite la formation de ces phtaléines par l'addition d'acide sulfurique concentré avec élimination d'eau.

PROPRIÉTÉS GÉNÉRALES DES PHTALÉINES. — Ce sont des corps en général incolores qui, mis au contact des alcalis, donnent des matières colorées. Mais ils ne deviennent matières colorantes que par nouvelle anhydrisation entre les OH phénoliques.

Phtaléine du phénol.

PRÉPARATION. — On fait réagir le phénol ordinaire à 120° sur l'anhydride phtalique en présence de l'acide sulfurique.

PROPRIÉTÉS. — Prismes incolores fusibles à 250°, très solubles dans l'alcool et l'acide acétique, peu solubles dans l'eau.

Les alcalis la dissolvent en se colorant en rouge violacé. Les acides détruisent cette combinaison. Cette propriété l'a fait employer comme indicateur dans les dosages acidimétriques.

Phtaléine de la résorcine ou fluorescéine.

HISTORIQUE. — Découverte par Bayer.

PRÉPARATION. — On fait réagir l'anhydride phtalique et la résorcine à 195°-200° pendant deux heures.

$$C^6H^4 \begin{cases} CO \\ CO \end{cases} O + 2\,[C^6H^4\,(OH)^2] = 2\,H^2O +$$

$$O \begin{cases} C^6H^4.OH \\ C^6H^4.OH \end{cases} C \begin{cases} C^6H^4 \\ CO \end{cases} O$$

Propriétés. — Aiguilles rouges se décomposant sans fondre, insolubles dans l'eau et l'alcool, solubles dans les alcalis avec une couleur jaune rouge fluorescente en vert. L'action du brome sur la fluorescéine en présence de l'alcool fournit l'*éosine* ou tétrabromofluorescéine.

$$C^{20} H^{12} O^5 + 4 Br^2 = 4 H Br + C^{20} H^8 Br^4 O^5.$$

fluorescéine   éosine

L'éosine est une matière colorante rouge très employée.

La primerose est de l'éthyléosine. C'est une matière colorante plus solide que l'éosine.

La tétraiodofluorescéine $C^{20}H^8I^4O^5$ est une matière colorante désignée sous le nom d'*érythrosine*.

Le *rose bengale*, matière colorante, est de la tétraiododichlorofluorescéine.

Galléine. — L'anhydride phtalique réagissant sur le pyrogallol donne la *galléine*, matière colorante se dissolvant en violet dans les alcalis. C'est la phtaléine du pyrogallol.

La galléine, traitée par l'acide sulfurique concentré et chaud, donne un anhydride, la *céruléine*, matière colorante verte très solide.

13

LES AMINES AROMATIQUES

Les amines aromatiques, de même que les amines grasses, peuvent être considérées comme engendrées par la substitution du radical AzH^2 à un hydrogène dans un hydrocarbure aromatique. La benzine, par exemple, nous fournira ainsi l'aniline.

$$C^6H^5.AzH^2$$

Si plusieurs hydrogènes sont substitués par plusieurs résidus AzH^2, on a des *polyamines*. On a ainsi la phénylène diamine

$$C^6H^4 \diagup \mathrm{AzH^2} \diagdown \mathrm{AzH^2}, \text{ etc.}$$

Comme dans la série grasse, nous aurons des amines secondaires, tertiaires, par substitution aux hydrogènes d'AzH^2 de nouveaux radicaux alcooliques ou phénoliques comme le phényle.

MODES DE FORMATION. — On engendre la plupart des amines aromatiques en réduisant les dérivés nitrés des hydrocarbures (Zinin).

$$C^6H^5.AzO^2 + 3H^2 = 2H^2O + C^6H^5.AzH^2$$
nitrobenzine   aniline ou phénylamine

On obtient les amines secondaires en chauffant à 250°
un sel d'amine primaire avec une amine primaire.

$$C^6H^5.AzH^2.HCl + C^6H^5.AzH^2 = (C^6H^5)^2AzH + AzH^4Cl$$
Chlorhydrate de phénylamine   phénylamine   diphénylamine

Propriétés générales. — Les amines aromatiques
traitées par l'acide nitreux donnent un phénol.

$$C^6H^5.AzH^2 + AzO.OH = Az^2 + H^2O + C^6H^5.OH$$
aniline   phénol

Les iodures alcooliques, tels que l'iodure de méthyle,
l'iodure de propyle, etc., s'unissent facilement aux
amines aromatiques.

$$C^6H^5.AzH^2 + CH^3I = C^6H^5.AzH.(CH^3).HI$$
aniline   iodure de méthyle   iodure de méthylaniline

Les chlorures acides réagissent sur les amines aromatiques en donnant des *alcalamides* ou amides substituées.

$$C^6H^5.AzH^2 + C^2H^3O.Cl = HCl + \begin{matrix} C^6H^5 \\ \diagdown \\ \diagup \\ C^2H^3O \end{matrix}\!\!AzH$$

Les amines aromatiques fournissent avec les sels
minéraux des sels stables. Les sels organiques d'amines
sont dissociés par l'eau. Ainsi l'acide acétique et l'aniline ne donnent pas d'acétate d'aniline.

Usages. — Les amines aromatiques servent à fabriquer un grand nombre de matières colorantes : rosaniline, vert malachite, etc.

Monamines

Aniline ou phénylamine $C^6H^5.AzH^2$

HISTORIQUE. — Découverte en 1826 par Unverdorben en distillant l'indigo.

PRÉPARATION. — En réduisant la nitrobenzine par le fer et l'acide acétique ou chlorhydrique,

$$C^6H^5.AzO^2 + 3H^2 = 2H^2O + C^6H^5.AzH^2$$

PROPRIÉTÉS PHYSIQUES. — Liquide incolore quand il est récemment préparé. Bout à 182°. Se dissout dans 31 parties d'eau; très soluble dans l'alcool, l'éther, la benzine. Elle bleuit faiblement le tournesol.

PROPRIÉTÉS CHIMIQUES. — Dans un tube chauffé au rouge l'aniline se décompose et donne du *carbazol* $(C^6H^4)^2AzH$.

Elle donne des sels avec les acides minéraux.

Sa solution aqueuse précipite le fer et l'alumine.

Les oxydants donnent avec l'aniline des matières colorantes. L'hypochlorite de chaux colore sa solution en violet; si l'on ajoute un peu de sulfhydrate d'ammoniaque, la coloration violette vire au rose. Le bichromate de potasse et l'acide sulfurique concentré donnent avec l'aniline une coloration bleue. L'acide sulfurique donne l'acide sulfanilique.

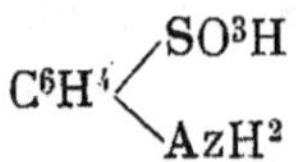
$$C^6H^4\begin{cases}SO^3H\\AzH^2\end{cases}$$

Les alcalis et le chloroforme en présence de l'aniline donnent la phénylcarbylamine, d'odeur repoussante. Les chlorures d'acides ou les anhydrides donnent avec l'aniline des *anilides*. L'iodure de méthyle donne de l'iodure de méthylaniline. $C^6H^5. AzH. CH^3. HI$.

L'acide chromique donne de la quinone.

$$2\,(C^6H^5\,AzH^2) + O^7 = 2\,C^6H^4O^2 + 3H^2O$$

PROPRIÉTÉS PHYSIOLOGIQUES. — L'aniline a une saveur brûlante. Ses vapeurs sont toxiques et occasionnent de violents maux de tête.

Toluidines

$$C^6H^4 \Big\langle {}^{CH^3}_{AzH^2}$$

Il existe trois isomères. La *paratoluidine* forme la majeure partie de la toluidine commerciale. L'*ortho* et la *méta* sont liquides. La *para* fond à 45°.

On les prépare en réduisant les dérivés nitrés du toluène.

Ces amines possèdent les propriétés générales des amines.

USAGES. — On les emploie dans la fabrication des matières colorantes.

Naphtylamines

Il existe deux isomères, l'α et la β, suivant que l'AzH^2 est substitué près de la soudure des deux noyaux benzéniques ou en est éloigné.

Naphtylamines α

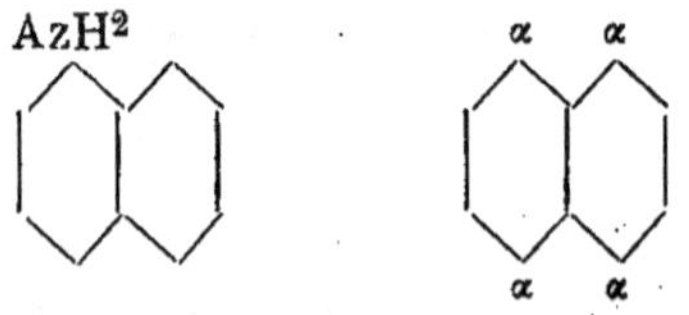

Naphtylamines β

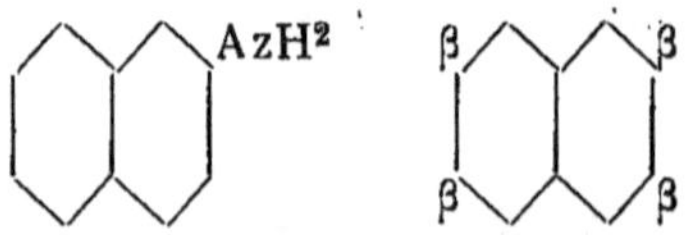

Naphtylamine α

PRÉPARATION. — On la prépare en réduisant les dérivés nitrés de la naphtaline, on a alors l'α naphtylamine.

PROPRIÉTÉS. — L'α naphtylamine fond à 50°. Elle a ordinairement une odeur désagréable. Elle est insoluble dans l'eau ; soluble dans l'alcool et l'éther. Elle forme des sels bien définis. Les oxydants donnent avec elle des matières colorantes rouges.

Naphtylamine β

PRÉPARATION. — On la prépare en faisant réagir l'ammoniaque sur le naphtol β.

$$C^{10}H^7.OH + AzH^3 = H^2O + C^{10}H^7.AzH^2$$

PROPRIÉTÉS. — Elle fond à 112°. Elle est insoluble dans l'eau, soluble dans l'alcool et l'éther. Elle ne donne pas de matières colorantes avec les oxydants.

Amines secondaires

Diphénylamine $(C^6 H^5)^2 . AzH$

PRÉPARATION. — La diphénylamine s'obtient en chauffant l'aniline avec le chlorhydrate d'aniline.

$$C^6H^5.AzH^2.HCl + C^6H^5.AzH^2 = AzH^4.Cl$$
$$+ (C^6H^5)^2.AzH$$

PROPRIÉTÉS. — Cristaux blancs, à odeur de rose, fusibles à 45°. Elle bout à 310°. Elle est insoluble dans l'eau, soluble dans l'alcool, l'éther, la benzine. Les acides forment avec elle des sels peu stables, facilement dédoublés par l'eau.

Ces oxydants fournissent avec la diphénylamine des matières colorantes bleues et violettes. L'HCl et l'AzO^3H donnent une belle coloration bleue.

Chauffée avec le sesquichlorure de carbone la diphénylamine fournit le bleu de diphénylamine.

Polyamines

Phénylènes diamines

$$C^6H^4\!\!<\genfrac{}{}{0pt}{}{AzH^2}{AzH^2}$$

Il y a trois isomères, ortho, méta et para.

PRÉPARATION. — On les obtient par réduction des dinitrobenzines.

$$C^6H^4(AzO^2)^2 + 6\,H^2 = C^6H^4\,(AzH^2)^2 + 4\,H^2O$$

PROPRIÉTÉS. — La métaphénylène diamine donne avec les sels de diazobenzine un dérivé diazoïque employé en teinture à l'état de chlorhydrate sous le nom de *Chrysoïdine* ($C^{12}H^{12}Az^4.HCl$).

En faisant agir à froid l'acide nitreux sur l'orthophénylène diamine on a le *brun bismarck* ou *brun de phénylène*.

Amines à fonction mixte

On connait des amines à fonction mixte. Les amidophénols

$$C^6H^4\!\!<\genfrac{}{}{0pt}{}{OH}{AzH^2}$$

possèdent les propriétés des phénols ainsi que celles des amines. Ces corps présentent la propriété de donner des sels avec les acides, grâce à leur groupement AzH^2 ; ils pourraient également donner avec les bases, comme les phénols, des amidophénates.

On connait aussi des amines acides et des amines alcools. Les amines amides ont reçu le nom d'alcalamides.

Amidophénols

$$C^6H^4 \begin{cases} OH \\ AzH^3 \end{cases}$$

PRÉPARATION. — Les trois nitrophénols

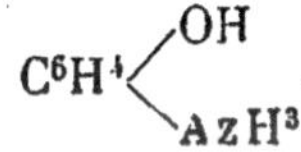

$$C^6H^4 \begin{cases} OH \\ AzO^2 \end{cases}$$

isomères traités par les réducteurs (étain et acide chlorhydrique) donnent les amidophénols correspondants.

PROPRIÉTÉS. — Ces amidophénols sont des bases faibles. Le paramidophénol est un réducteur très énergique employé en photographie. En fondant les amidophénols ou leurs dérivés méthylés ou éthylés avec l'anhydride phtalique, on obtient des matières colorantes rouges très solides appelées *rhodamines*.

Le nitrosodiméthylmétamidophénol avec la naphtylamine donne le *bleu du Nil*.

Amines amides ou alcalamides

On les obtient généralement en traitant les amines aromatiques par les chlorures des radicaux acides ou par les anhydrides. On peut aussi déshydrater par la chaleur les sels de ces amines à acide organique.

Acétanilide ou antifébrine $C^6H^5 - Az\,H(C^2H^3O)$

CONSTITUTION. — Amine amide dérivée de [l'aniline par substitution de l'acétyle (C^2H^3O) à un atome d'hydrogène du groupement amidogène (AzH^2) de l'aniline.

PRÉPARATION. — En chauffant l'aniline avec l'acide acétique pendant 48 heures.

P. PHYSIQUES. — Tables fusibles à 112°, bouillant à 295°, soluble dans 180 p. d'eau froide, facilement soluble dans l'alcool et l'éther.

P. CHIMIQUES. — Les acides ou les bases en présence de l'eau, l'hydratent en donnant l'acide acétique et l'aniline.

USAGES. — Employée en médecine pour abaisser la température; à haute dose, elle produit de la cyanose; il ne faut pas dépasser 2 grammes par jour.

Méthylacétanilide ou Exalgine

$$C^6H^5 - Az\begin{cases} CH^3 \\ C^2H^3O \end{cases}$$

PRÉPARATION. — Avec la méthylaniline $C^6H^5.AzH(CH^3)$ et l'acide acétique.

PROPRIÉTÉS. — Cristaux peu solubles dans l'eau, solubles dans l'alcool. Par l'action des alcalis elle régénère la méthylaniline et l'acide acétique.

USAGES. — Employée dans le rhumatisme articulaire aigu et dans les névralgies où elle ne paraît pas produire de cyanose. Il ne faut pas dépasser 0 gr. 80 par jour.

Phénacétine

$$Az\begin{cases} H \\ C^2H^3O \\ C^6H^4.O(C^2H^5) \end{cases}$$

C'est une poudre blanche insoluble dans l'eau, très soluble dans l'alcool. On l'administre à une dose double de l'antipyrine et aux mêmes usages.

Méthacétine

$$Az \begin{cases} H \\ C^2H^3O \\ C^6H^4.O(CH^3) \end{cases}$$

Poudre soluble dans 530 parties d'eau froide.
On l'emploie comme antipyrétique à la dose de 1 g. 40.

Saccharine

$$C^6H^4 \underset{SO^2}{\overset{CO}{\diagdown}} AzH$$

PRÉPARATION. — Falberg l'a découverte en oxydant
la sulfamide benzoïque.

$$C^6H^4 \underset{SO^2AzH^2}{\overset{CH^3}{\diagdown}} + O = H^2O + C^6H^4 \underset{SO^2}{\overset{CO}{\diagdown}} AzH$$

La sulfamide étant obtenue par l'action de l'ammoniaque sur le chlorure toluène sulfonique

$$C^6H^4 \underset{CH^3}{\overset{SO^2Cl}{\diagdown}}$$

CONSTITUTION. — La saccharine est une imide.

PROPRIÉTÉS. — Elle possède une saveur sucrée environ 200 fois plus prononcée que le sucre. Elle est peu soluble dans l'eau. Chauffée avec un peu de résorcine et d'acide sulfurique on a une matière qui, étendue d'eau et mise avec un excès d'ammoniaque donne une solution très fluorescente.

Elle n'est pas brûlée dans l'organisme, par conséquent elle n'est pas nutritive. Elle n'est pas toxique.

Tyrosine $C^9H^{11}AzO^3$

ETAT NATUREL. — Dans le corps de l'homme et dans les graines de cucurbitacées.

CONSTITUTION. — C'est une amine acide.

PRÉPARATION. — On la retire des graines germées des cucurbitacées.

P. PHYSIQUES. — Aiguilles fines, insolubles dans l'eau froide, solubles dans l'eau bouillante, insolubles dans l'alcool et l'éther.

P. CHIMIQUES. — Grâce à sa fonction amide et acide, la tyrosine se dissout indifféremment dans les acides ou les alcalis. Elle se décompose par la chaleur. Fondue avec la potasse, elle donne de l'acide paroxybenzoïque.

MATIÈRES COLORANTES AMIDÉES
DE LA HOUILLE

HISTORIQUE. — Verguin, de Lyon, obtint en oxydant l'aniline par le perchlorure d'étain une matière colorante rouge, la fuchsine, et depuis cette époque de nombreuses matières colorantes ont été obtenues en soumettant les amines aromatiques à une action oxydante en même temps que polymérisante.

THÉORIE. — Les recherches de Fischer ont démontré que les matières colorantes amidées analogues à la rosaniline dérivent toutes d'un hydrocarbure, le triphénylméthane

$$CH \begin{cases} C^6H^5 \\ C^6H^5 \\ C^6H^5 \end{cases}$$

On peut transformer cet hydrocarbure en son dérivé trinitré.

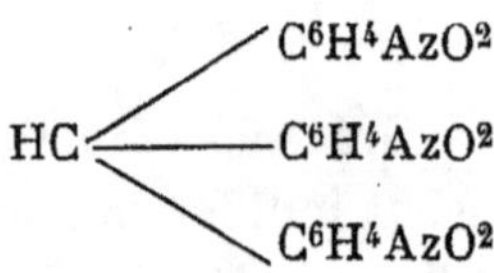

$$HC \begin{cases} C^6H^4AzO^2 \\ C^6H^4AzO^2 \\ C^6H^4AzO^2 \end{cases}$$

qui par réduction donne le triamidotriphénylméthane.

Ce dernier corps oxydé donne le triamidotriphényl-carbinol $C(OH) — (C^6H^4AzH^2)^3$ ou *pararosaniline* dont l'éther chlorhydrique dans le COH constitue la fuchsine

$$CCl — (C^6H^4.AzH^2)^3$$

En substituant des groupements méthyle CH^3 ou éthyle C^2H^5 etc. dans les groupements amidés du triamidophénylcarbinol, on obtient des matières colorantes rouges, violettes et bleues.

Vert malachite

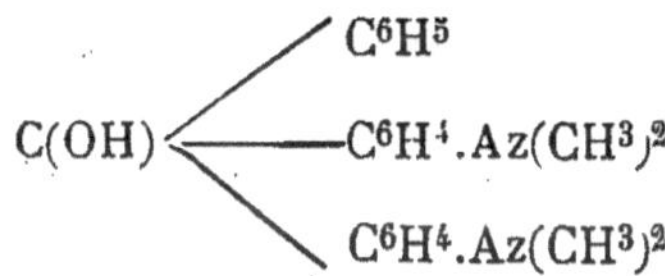

CONSTITUTION. — C'est le tétraméthyldiamidotriphénylméthane.

PRÉPARATION. — On chauffe l'aldéhyde benzoïque avec la diméthylaniline.

$$CHO.C^6H^5 + 2\,[C^6H^5Az(CH^3)^2] =$$

$$H^2O + CH \begin{cases} C^6H^5 \\ (C^6H^4.Az\,(CH^3)^2)^2 \end{cases}$$

En oxydant ce corps on obtient le carbinol correspondant ou *vert malachite*.

PROPRIÉTÉS. — Aiguilles fusibles à 130°, se décomposant au delà, insolubles dans l'eau, solubles dans les acides étendus. L'acide sulfoconjugué, obtenu avec l'acide sulfurique concentré et le vert malachite, est soluble dans l'eau et porte le nom de *vert acide*.

Le *vert brillant* est du tétréthyldiamidotriphénylcarbinol obtenu en remplaçant dans la préparation précédente la méthylaniline par l'éthylaniline.

Pararosaniline

$$C(OH) \begin{cases} C^6H^4.AzH^2 \\ C^6H^4.AzH^2 \\ C^6H^4.AzH^2 \end{cases}$$

PRÉPARATION. — En chauffant la paratoluidine

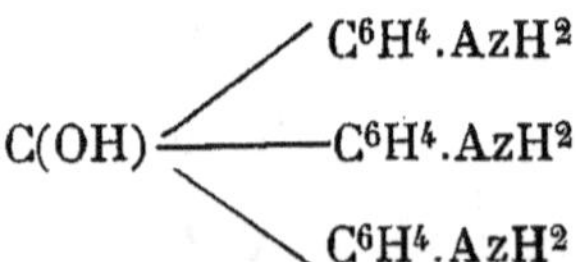

$$C^6H^4 \begin{cases} AzH^2 \ (1) \\ CH^3 \ (4) \end{cases}$$

avec l'aniline et l'acide arsénique.

PROPRIÉTÉS. — Ce corps présente la plupart des réactions de de la rosaniline. En chauffant cette pararosaniline avec l'iodure d'éthyle on obtient une pentaméthylrosaniline ou *violet de Paris* $C^{24}H^{29}Az^3O$ et une hexaméthylrosaniline ou *violet cristallisé*.

USAGES. — Ces différents corps sont employés comme matières colorantes.

Aurine

$$C(OH) - (C^6H^4OH)^3$$

PRÉPARATION. = En traitant la pararosaniline par l'acide azoteux et chauffant pour décomposer le corps diazoïque formé.

PROPRIÉTÉS. — Ce corps fond à 220°. L'aurine est peu soluble dans l'eau, soluble dans l'alcool. La combinaison ammoniacale est soluble dans l'eau. L'aurine s'unit aussi aux acides pour donner des sels.

Coralline

Ce corps est un mélange d'aurine et de ses homologues. On l'obtient par l'action de l'acide oxalique sur le phénol. La coralline est insoluble dans l'eau, soluble dans l'alcool, soluble dans les alcalis. La coralline chauffée à 150° avec l'ammoniaque donne une belle matière colorante rouge la *péonine* ou *coralline rouge*.

La coralline, chauffée avec l'aniline, donne l'*azuline* matière colorante bleue, insoluble dans l'eau, soluble dans l'alcool.

14

Rosaniline

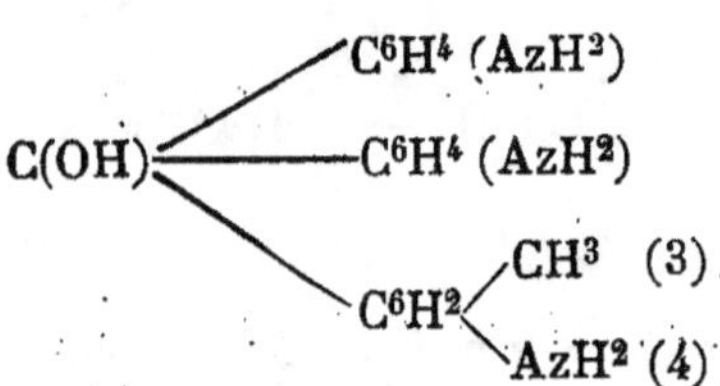

$$C(OH) \begin{cases} C^6H^4 \ (AzH^2) \\ \text{---}C^6H^4 \ (AzH^2) \\ C^6H^2 \begin{cases} CH^3 \quad (3) \\ AzH^2 \ (4) \end{cases} \end{cases}$$

La *fuchsine* est formée presque entièrement par l'éther chlorhydrique de cette base.

PRÉPARATION. — 1° En oxydant par l'acide arsénique un mélange d'une molécule de paratoluidine, une molécule d'ortholuidine et une molécule d'aniline. Le groupe CH^3 de la paratoluidine s'oxyde et devient le carbone central $C(OH)$

$$C^6H^4 \begin{cases} CH^3 \ (1) \\ AzH^2(4) \end{cases} + C^6H^4 \begin{cases} CH^3 \ (1) \\ AzH^2(2) \end{cases} + C^6H^5.AzH^2 + O^3 =$$

$$C(OH) \begin{cases} C^6H^4.AzH^2 \\ \text{---}C^6H^4.AzH^2 \\ C^6H^3 \begin{cases} CH^3 \ (1) \\ AzH^4 \ (2) \end{cases} \end{cases} + 2 \ H^2O$$

2° *Procédé Coupier*. — On chauffe l'aniline renfermant des toluidines para et ortho avec la nitrobenzine, le fer et de l'acide chlorhydrique.

PROPRIÉTÉS. — Prismes vert cantharide, peu solubles dans l'eau, solubles dans l'alcool ordinaire et amylique, insolubles dans l'éther. Elle s'unit aux acides en donnant des sels bien cristallisés et solubles dans l'eau.

Elle est réduite en solution par l'acide sulfureux en donnant un composé incolore qui se colore en bleu ou en violet avec les aldéhydes (réaction de H. Schiff).

USAGES. — Le chlorhydrate est un des sels de rosaniline les plus employés. Les sulfoconjugués de la fuchsine (fuchsine S ou sulfo de fuchsine) sont solubles dans l'eau; ils servent en teinture et à colorer frauduleusement les vins.

Acide rosolique

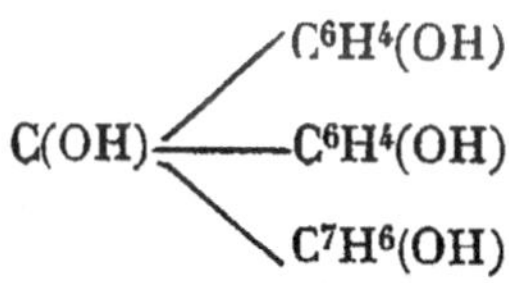

$$C(OH) \begin{cases} C^6H^4(OH) \\ C^6H^4(OH) \\ C^7H^6(OH) \end{cases}$$

PRÉPARATION. — En faisant bouillir la rosaniline avec le nitrite de soude et de l'acide chlorhydrique.

CONSTITUTION. — C'est l'homologue supérieur de l'aurine.

PROPRIÉTÉS. — Cette matière colorante se trouve dans la coralline commerciale.

L'acide rosolique est un corps cristallisé, insoluble dans l'eau, soluble dans l'alcool et se décomposant par la chaleur. On l'employait comme matière colorante.

Bleu de Lyon ou triphénylrosaniline

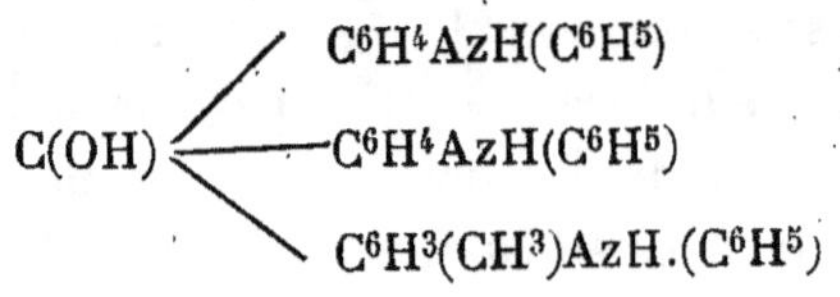

$$C(OH) \begin{cases} C^6H^4AzH(C^6H^5) \\ C^6H^4AzH(C^6H^5) \\ C^6H^3(CH^3)AzH.(C^6H^5) \end{cases}$$

PRÉPARATION. — On l'obtient en chauffant la rosaniline avec un excès d'aniline.

PROPRIÉTÉS. — Matière colorante bleue insoluble dans l'eau, soluble dans l'alcool. Les dérivés sulfoconjugués qui portent le nom de *bleus solubles* sont solubles dans l'eau. Le *bleu alcalin* est le dérivé monosulfoconjugué du bleu de Lyon à l'état de sel de soude.

COMPOSÉS AZOÏQUES ET DIAZOÏQUES

On donne le nom de composés azoïques ou diazoïques à des corps pouvant être envisagés comme formés de deux résidus d'amines soudés par leur azote, soit aussi par un résidu d'amine bivalent soudé au résidu Az(OH) ou à ses dérivés AzCl, etc.

On appelle plus spécialement *composés azoïques* ceux qui proviennent de la soudure de deux résidus d'amines unis par leur azote; tel est l'azobenzol.

$$C^6H^5.Az = Az.C^6H^5$$

On appelle *composés diazoïques* ceux qui proviennent de la soudure d'un résidu d'amine avec un Az lié à un groupement différent d'un noyau aromatique; tel est le diazobenzol.

$$C^6H^5Az = Az(OH)$$

COMPOSÉS AZOÏQUES

MODES DE FORMATION. — 1° En faisant agir les composés nitrosés sur les amines.

$$C^6H^5.AzO + C^6H^5.AzH^2 = H^2O + (C^6H^5Az = Az.C^6H^5)$$
nitrosobenzol   azobenzol

2° En oxydant les amines par le permanganate de potasse.

$$2 (C^6H^5.AzH^2) + O^2 = 2H^2O + (C^6H^5Az = AzC^6H^5)$$

3° En réduisant partiellement les dérivés nitrés des hydrocarbures

$$2 (C^6H^5AzO^2) + 8H = 4H^2O + (C^6H^5Az = Az.C^6H^5)$$

PROPRIÉTÉS. — Ce sont des corps relativement stables, cristallisés en jaune ou en rouge. L'azobenzol est d'un beau rouge. Ils ne sont pas solubles dans l'eau. La réduction de ces corps fournit soit des dérivés hydrazoïques soit les amines correspondantes. L'azobenzol donnera ainsi soit l'hydrazobenzol C^6H^5AzH. $AzH.C^6H^5$ soit deux molécules d'aniline $C^6H^5AzH^2$.

Les composés azoïques sont sans action sur le tournesol, mais leurs dérivés nitrés, sulfoconjugués acquièrent des propriétés acides. Les groupements OH et AzH^2 greffés dans les noyaux donnent aux azoïques la propriété de teindre et en font des matières colorantes importantes.

COMPOSÉS DIAZOÏQUES

MODES DE FORMATION. — 1° En faisant agir *à froid* l'acide nitreux AzO,OH sur les sels d'amines.

$$C^6H^5AzH^2.HCl + AzO.OH = (C^6H^5Az = Az.Cl) + 2H^2O$$
chlorhydrate d'aniline   chlorure de diazobenzol

2° En faisant agir l'acide nitreux sur les acides sulfonés des bases aromatiques

$$C^6H^4{\langle}^{AzH^2}_{SO^3H} + Az.OH = 2\,H^2O + C^6H^4Az = Az{\diagdown}_{SO^2}{\diagup}$$

PROPRIÉTÉS. — Tandis que les dérivés azoïques sont stables, les dérivés diazoïques sont d'une extrême instabilité. Ils détonent très facilement par la chaleur.

En fixant quatre atomes d'hydrogène ils donnent des hydrazines

$$C^6H^5Az.AzCl + 2H^2 = C^6H^5AzH.AzH^2.HCl$$
Chlorure de diazobenzol   chlorhydrate de phénylhydrazine

Chauffés au sein de l'eau ils donnent des phénols

$$C^6H^5Az.AzCl + H^2O = C^6H^5.OH + Az^2 + HCl$$

Usages. — Ces corps sont peu employés, mais ils fournissent des matières colorantes, en se transformant en composés azoïques en présence des amines et des phénols.

Exemple :

$$C^6H^5.Az.AzCl + C^6H^5.AzH^2 = C^6H^5.Az =$$
$$Az.C^6H^4.AzH^2 + HCl$$

MATIÈRES COLORANTES DÉRIVÉES DES COMPOSÉS AZOIQUES

Tropéoline OO ou *orangé* n° 1.

$$C^6H^4.Az = Az.C^{10}H^6(OH)$$
$$\diagdown SO^3H$$

Préparation. — En faisant agir l'α naphtol sur le dérivé diazoïque de l'acide parasulfanilique.

Si l'on remplace l'α naphtol par la diméthylaniline on a l'*orangé III*.

Propriétés. — Ces deux orangés sont solubles dans l'eau et insolubles dans les solutions concentrées de sel marin.

On les emploie comme indicateurs acidimétriques.

Rocelline $C^{10}H^6(OH).Az = Az.C^{10}H^6(SO^3Na)$

Préparation. — Par l'action du β naphtol sur le dérivé sulfoné de la diazonaphtaline.

Propriétés. — C'est une matière colorante rouge assez solide. Son dérivé sulfoconjugué à l'état de sel disodique, (*Rouge soluble*) $C^{10}H^5.SO^3Na.OH.Az = Az.C^{10}H^6(SO^3Na)$, se dissout dans l'eau en rouge vineux et il sert ainsi à frauder les vins.

Chrysoïdine. — C'est le [chlorhydrate de métadiamidoazobenzol obtenu en faisant réagir la métaphénylènediamine sur le chlorure de diazobenzol.

Ce sont des aiguilles jaunes peu solubles dans l'eau et l'alcool.

Rouge de Bordeaux β. — On le prépare en faisant agir le sulfate de naphtylamine acide sur le dérivé diazoïque du naphtol sulfoconjugué.

Il est soluble dans l'eau et correspond à la formule :

$$C^{10}H^7.Az. = C^{10}H^4 \begin{cases} OH \\ (SO^3Na)^2 \end{cases}$$

Hydrazines

L'hydrazine $AzH^2 — AzH^2$ donne des produits de substitution découverts par Fischer et obtenus en remplaçant les atomes d'hydrogène par des radicaux de carbures aromatiques.

Les hydrazines prennent naissance par réduction des dérivés diazoïques ou des composés diazoamidés.

La *phénylhydrazine* qui est le type de ces corps est obtenue par réduction du chlorure de diazobenzol.

$$C^6H^5.Az = Az.Cl + 2\,H^2 = C^6H^5.AzH.AzH^2.HCl$$

Les hydrazines, et en particulier la phénylhydrazine, donnent avec les acides des sels bien définis.

Elles s'unissent aux aldéhydes et aux acétonesen formant des *azones*. Les glucoses ou matières sucrées aldéhydiques ou acétoniques s'unissent à la phénylhydrazine et donnent des phénylglucosazones.

Les hydrazines sont des corps très réducteurs.

La phénylhydrazine $C^6H^5.AzH.AzH^2$ est en lames allongées, fusibles à 23°, d'une odeur aromatique, bouillant à 241°. Elle est peu soluble dans l'eau et l'alcool et réduit à froid la liqueur de Fehling. En s'oxydant elle donne le *diazobenzol* $C^6H^5Az = Az(OH)$

SÉRIE TÉRÉBÉNIQUE

Il existe une série d'hydrocarbures dont le térébenthène $C^{40}H^{46}$ est le type qui sont des hydrures de paraisopropylméthylbenzines représentés par la formule suivante

$$C^6H^4 \left\langle \begin{matrix} CH^3 \; (1) \\ C^3H^7 \; (4) \end{matrix} \right.$$

Il existe aussi dans cette sér.e des hydrocarbures de la formule $C^{15}H^{24}$ appelés carbures *sesquitérébéniques*, des carbures $C^{20}H^{32}$ ou carbures ditérébéniques et enfin des carbures polytérébéniques $(C^{40}H^{46})^n$.

Les *carbures monotérébéniques* ou *terpènes* $C^{40}H^{16}$ sont en général retirés des résines des conifères, térébenthacées, pipéracées, etc. Quelle que soit leur origine ils bouillent vers 155°-175° et ils diffèrent surtout entre eux par leur pouvoir rotatoire, leur odeur et par l'action des agents de polymérisation. L'acide chlorhydrique gazeux donne avec certains d'entre eux des monochlorhydrates $C^{40}H^{46}.HCl$ et avec d'autres des dichlorhydrates $C^{40}H^{46}, 2HCl$.

Les carbures *sesquitérébéniques* $C^{15}H^{24}$ bouillent en général de 255° à 280° et les essences de cubèbe et de copahu appartiennent à ce groupe.

Les carbures *polytérébéniques* sont en général rési-noïdes, amorphes; la colophane, la gutta percha, le caoutchouc appartiennent à ce groupe. On peut les obtenir par l'action des réactifs polymérisants (acide sulfurique concentré) sur les carbures mono téré-béniques.

Terpènes $C^{40}H^{46}$

Les essences d'orange, térébenthine, citron, berga-mote, lavande, coriandre, camomille, houblon, valé-riane, poivre, élémi sont formés principalement de terpènes. Les camphènes obtenus artificiellement sont des isomères de ces corps.

PRÉPARATION. — On peut les extraire en distillant ces corps en présence du carbonate de soude et de la vapeur d'eau qui entraîne le terpène.

PROPRIÉTÉS. — Les terpènes sont insolubles dans l'eau. Ils agissent d'une façon variable sur la lumière polarisée suivant leur origine. Ils peuvent fixer deux atomes de brome et donner le composé $C^{40}H^{46}Br^2$. Ils donnent avec l'acide chlorhydrique deux chlorhydrates isomères $C^{40}H^{46}$, HCl l'un solide, l'autre liquide. Ces chlorhydrates traités par la potasse caustique four-nissent les *camphènes* isomères des térébenthènes. Le chlorhydrate solide $C^{40}H^{46}$, HCl provenant du téré-benthène, a une odeur camphrée (camphre artificiel).

Les térébenthènes chauffés à 250° avec de l'eau donnent des isomères dont le pouvoir rotatoire est différent du carbure générateur. Les camphènes donnent par les oxydants du camphre inactif (Bertholet).

$$C^{10}H^{16} + O = C^{10}H^{16}O$$

En dissolvant le térébenthène dans l'alcool et faisant passer un courant d'acide chlorhydrique on obtient un dichlorhydrate $C^{10}H^{16}$, 2HCl. Ce dichlorhydrate avec le sodium donne du *terpilène* $C^{10}H^{16}$ d'une odeur citronnée et dépourvu de pouvoir rotatoire.

Terpine $C^{10}H^{16}$, $2H^2O$

Constitution. — C'est un dihydrate de terpilène.

Préparation. — On mélange l'essence de térébenthine avec de l'alcool et de l'acide nitrique et l'on fait passer un courant d'air. Au bout d'une quinzaine de jours il se forme des cristaux de terpine.

Propriétés. — Prismes peu solubles dans l'eau, solubles dans l'alcool. Ce corps fond à 103°. En le traitant par l'acide sulfurique ou chlorhydrique concentré on a le *terpinol* $(C^{10}H^{16})^2$, H^2O.

Usages. — Médicament bronchique à la dose de 20 à 40 centigr. par jour.

Bornéol ou alcool campholique $C^{10}H^{18}O$

État naturel. — Fourni par le *Dryabalanops camphora.*

CONSTITUTION. — C'est l'alcool correspondant au camphre ordinaire qui est son aldéhyde.

PRÉPARATION. — 1° En sublimant le camphre de Bornéo. 2° En hydrogénant le camphre ordinaire.

PROPRIÉTÉS. — Cristaux d'odeur camphrée et poivrée. Insoluble dans l'eau. Chauffé avec l'acide azotique il donne du camphre

$$C^{10}H^{18}O + O = H^2O + C^{10}H^{16}O$$

Grâce à sa fonction alcool, on a pu faire les éthers stéarique et chlorhydrique.

Camphre ordinaire

HISTORIQUE. — Retiré depuis longtemps par les Chinois du *Laurus camphora*.

CONSTITUTION. — Aldéhyde secondaire du bornéol

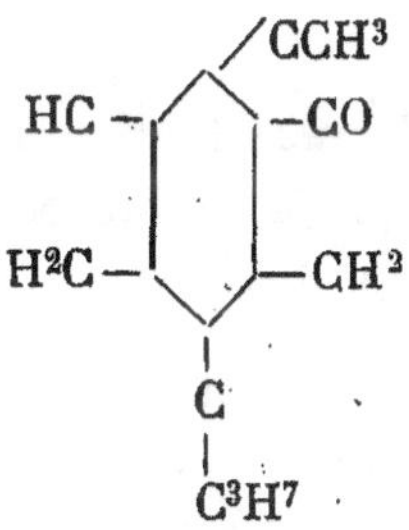

PRÉPARATION. — En faisant bouillir les racines et les branches du *Laurus camphora* avec de l'eau. Le camphre est entraîné par la vapeur d'eau. On obtient ainsi le camphre brut qu'on raffiné en le sublimant dans de grands matras de verre, après l'avoir mélangé avec un peu de chaux et de limaille de fer.

P. PHYSIQUES. — Solide, cristallin, d'une odeur caractéristique. Il fond à 175° et bout à 204°. Il se volatilise même à la température ordinaire. Il est dextrogyre, insoluble dans l'eau, soluble dans l'alcool, l'éther et les acides concentrés.

P. CHIMIQUES. — Traité par l'anhydride phosphorique, il donne du cymène phosphorique.

L'hydrogénation du camphre donne le bornéol.

La potasse alcoolique transforme le camphre en camphate de potasse ou bornéol

$$2(C^{10}H^{16}O) + KOH = C^{10}H^{18}O + C^{10}H^{15}O^2K$$
$$\text{camphate de K}$$

Bouilli longtemps avec l'acide azotique il donne l'acide camphorique qui est un acide bibasique.

$$C^{10}H^{16}O + O^3 = C^{10}H^{16}O^4$$

Il donne des dérivés chlorés, bromés. Le camphre monobromé est employé en médecine comme antinerveux (0 gr. 10 à 0 gr. 15).

USAGES. — Employé en médecine. On utilise son mélange avec certains phénols (phénol ordinaire, naphtol, salol).

SÉRIE PYRIDIQUE ET QUINOLÉIQUE

En 1851 Anderson découvrit dans l'huile animale de Dippel, obtenue par distillation pyrogénée des os, des bases nouvelles, isomères des bases aromatiques mais différentes par leurs propriétés.

En distillant la quinine, la cinchonine, on en obtient également.

Plus tard Baeyer et Ador obtinrent une de ces bases, la collidine, par synthèse, en chauffant de l'aldéhydate d'ammoniaque avec de l'urée.

Ces bases pyridiques et quinoléiques jouissent comme la benzine d'une grande stabilité et ne peuvent pas, de plus, fixer de Cl, de Br, ni d'autres éléments par *addition*. Cette remarque conduisit Dœvar et Korner à admettre pour ces bases une formule en chaîne fermée. Ils donnèrent alors la formule suivante à la pyridine

$$\begin{array}{ccc} & CH & \\ HC & & CH \\ HC & & CH \\ & Az & \end{array}$$

en admettant que la pyridine ne différait de la benzine que par la substitution d'un Az à un CH.

Cette hypothèse fut confirmée par Ramsay qui fit la synthèse de la pyridine (d'une façon analogue à celle de la benzine) en chauffant un mélange d'acétylène et d'acide cyanhydrique

$$2 \ C^2H^2 + CAzH = C^5H^5Az$$

Cette hypothèse admise, la pyridine peut être envisagée comme dérivé monosubstitué de la benzine.

Pour distinguer les différents dérivés substitués de la pyridine on désigne les sommets, autres que celui Az, par les lettres grecques

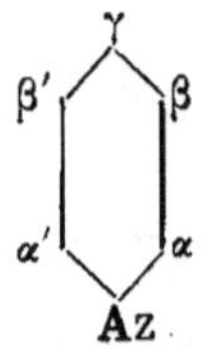

$$\begin{array}{c} \gamma \\ \beta' \quad \beta \\ \\ \alpha' \quad \alpha \\ Az \end{array}$$

PROPRIÉTÉS DES BASES PYRIDIQUES. — Les bases pyridiques sont des bases tertiaires. L'hydrogène naissant fixe 2 puis 6 atomes d'hydrogène en donnant un hexahydrure

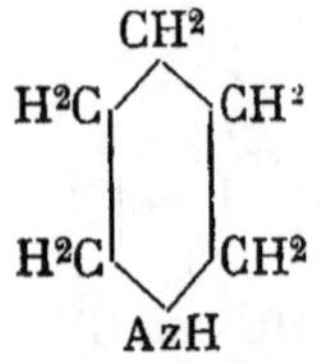

$$\begin{array}{c} CH^2 \\ H^2C \quad CH^2 \\ \\ H^2C \quad CH^2 \\ AzH \end{array}$$

Les oxydants, même l'acide azotique fumant, sont sans action sur ces bases. Avec les acides, les bases pyridiques forment des sels bien définis.

ACTION PHYSIOLOGIQUE. — Ces bases sont toutes toxiques et paralysantes. Les alcaloïdes hydropyridiques sont très vénéneux.

Pyridine C^5H^5Az

HISTORIQUE. — Découvert dans l'huile animale de Dippel par Anderson.

PRÉPARATION. — On traite l'huile de Dippel par l'acide sulfurique étendu qui dissout la pyridine et d'autres bases. On décompose cette solution sulfurique par la soude ; la pyridine insoluble et liquide se sépare. On la purifie par distillation fractionnée avec un fragment de potassium qui détruit le pyrrol.

PROPRIÉTÉS PHYSIQUES. — Liquide incolore, à odeur désagréable et très pénétrante. Elle bout à 115°. Très soluble dans l'eau. Insoluble dans les solutions alcalines. Bleuit le papier de tournesol

PROPRIÉTÉS CHIMIQUES. — La pyridine se combine avec énergie à l'acide chlorhydrique. Elle précipite à froid les sels de zinc, fer, manganèse et aluminium. Il en est de même des sels de cuivre, mais ces derniers sont solubles dans un excès de pyridine.

Pure, la pyridine n'est pas attaquée par l'acide azotique fumant. La solution alcoolique traitée par le sodium donne un hexahydrure ou pipéridine

$$C^5 H^5 Az + 3H^2 = C^5 H^{11} Az$$

15

Usages. — Sans emploi industriel. On a essayé en médecine l'emploi des vapeurs de pyridine en inhalations dans l'asthme et la phtisie.

Homologues supérieurs de la pyridine

De même que la benzine, la pyridine possède des homologues supérieurs, l'on connaît les méthylpyridines ou *picolines* $C^5 H^4. CH^3 Az$, au nombre de trois, toutes retirées de l'huile de Dippel.

L'α picoline, liquide très alcalin, très soluble dans l'eau, bout à $133°,9$. *La β picoline* bout à $140°$. Oxydée elle donne l'acide nicotianique $C^4 H^4 Az. COOH$, identique à celui obtenu par oxydation de la nicotine. *La γ picoline* donne par oxydation un acide isonicotianique. Ces picolines sont très toxiques.

Les *collidines* sont des triméthylpyridines

$$C^5 H^2 (CH^3). {}^3Az$$

retirées également de l'huile de Dippel. On peut obtenir par hydrogénation une dihydrocollidine $C^8 H^{13} Az$ très toxique, identique à une ptomaïne retirée des produits de la fermentation des albuminoïdes.

On a rencontré également des *parvolines* ou tétra-méthylpyridine $C^5 H.(CH^3)^4 Az$ dans l'huile de Dippel et aussi dans les bases cadavériques ou ptomaïnes.

BASES QUINOLÉIQUES

En distillant la quinine avec la potasse, Gerhardt obtint une base à laquelle il donna le nom de *quinoléine*, qui fut identifiée par Hoffmann avec le *leucol* retiré de l'huile de Dippel. Plus tard Skraup parvint à faire synthétiquement cette base par l'action de l'aniline sur la glycérine en présence de l'acide sulfurique et de la nitrobenzine. En remplaçant l'aniline par des anilines substituées, méthylanilines, etc., on obtient les homologues supérieurs de la quinoléine.

CONSTITUTION. — D'autres synthèses faites par Bœyer, Combes, Magnanini, ont établi la formule de la quinoléine, qui se compose de deux noyaux : l'un benzénique, l'autre pyridique, ayant deux atomes de carbone communs.

```
        HC   CH
      HC    C    CH
      HC         CH
        HC   Az
```

La présence du noyau benzénique est évidente, car toutes les synthèses se font en partant de l'aniline. D'autre part la quinoléine oxydée donne comme produit final de la pyridine.

Les dérivés substitués seront donc différents selon

que la substitution aura lieu dans le noyau pyridique ou dans le noyau benzénique.

PROPRIÉTÉS. — La quinoléine et ses homologues sont des bases assez énergiques formant des sels bien définis. Les propriétés basiques vont en diminuant à mesure que l'on substitue AzO^2 ou SO^3H ou des carboxyles $COOH$.

Les composés quinoléiques peuvent fixer 4 atomes d'hydrogène et donner des tétrahydrures. Ces nouvelles bases hydroquinoléiques sont stables.

Quinoléine C^9H^7Az

HISTORIQUE. — Découverte par Runge, puis Gerhardt dans la distillation de la cinchonine avec la potasse.

SYNTHÈSE. — 1° Action de l'oxyde de plomb sur les vapeurs d'allylaniline (Kœnigs).

$$C^9H^{11}Az + 2\,PbO = 2\,Pb + 2\,H^2O + C^9H^7Az$$

2° (Bœyer). En chauffant l'aniline et la glycérine en présence de l'acide sulfurique.

3° (Skraup). En chauffant l'aniline, la glycérine et l'acide sulfurique en présence de la nitrobenzine.

$$2[C^6H^5(AzH^2)] + C^6H^5AzO^2 + 3C^3H^8O^3 =$$

aniline — nitrobenzine — glycérine

$$11\,H^2O + 3\,C^9H^7Az$$

quinoléine

PRÉPARATION. — 1° par synthèse (méthode de Skraup indiquée ci-dessus);

2° Extraction de l'huile animale de Dippel par la méthode indiquée pour la pyridine.

PROPRIÉTÉS PHYSIQUES. — Liquide huileux, se colore en jaune à l'air, bout à 235°. Peu soluble dans H^2O, très soluble dans l'alcool et l'éther.

PROPRIÉTÉS CHIMIQUES. — L'acide chromique ne l'attaque pas. Elle s'unit aux acides et forme des sels. Le permanganate de potasse donne un acide bicarboné $C^7H^3Az(COOH)^2$. L'acide sulfurique fumant donne des acides sulfonés $C^9H^6(SO^3H)Az$ qui, fondus avec la potasse, donnent des oxyquinoléines $C^9H^6Az(OH)$.

Le *carbostyryle*, corps très stable jouissant des propriétés des phénols, est une oxyquinoléine $C^9H^6Az(OH)$ substituée dans le noyau pyridique.

Le chlorhydrate d'orthoxytrihydrométhylquinoléine $C^9H^9Az(CH^3)(OH) + HCl$ ou *Kairine*, très soluble dans l'eau, se colorant en violet au contact de l'air, a été employé pour ses propriétés antipyrétiques et antithermiques.

Homologues de la quinoléine

Il existe des homologues de la quinoléine obtenus, soit par synthèse avec les homologues de l'aniline, soit par extraction de l'huile de Dippel.

Une méthylquinoléine paraît se rattacher étroitement à la cinchonine

SÉRIE DU PYRROL ET DU PYRAZOL

Il existe des corps très stables qui, par conséquent, sont considérés comme étant en chaîne fermée et qui peuvent être rattachés au *pyrrol*

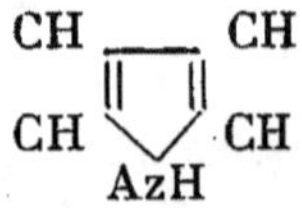

$$\begin{array}{ccc} CH & \rule{1cm}{0.4pt} & CH \\ CH & \diagdown\diagup & CH \\ & AzH & \end{array}$$

Ce pyrrol a été découvert par Runge dans la distillation sèche des os, et on le produit également dans la décomposition par la chaleur de la méthylallylamine

$$AzH.CH^3.C^3H^5 = 2\,H^2 + C^4H^5Az$$

Si l'on remplace un groupement CH par Az on obtient le *pyrazol*

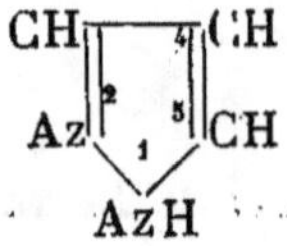

$$\begin{array}{ccc} CH & & CH \\ Az & & CH \\ & AzH & \end{array}$$

Ce pyrazol n'est pas connu à l'état de liberté, mais ses dérivés phénylés et éthylés sont connus. Pour distinguer les nombreux isomères obtenus par substitution du pyrazol, on numérote chacun des groupements, comme l'indique la figure.

Si nous substituons au groupement CH n° 5 le groupement CO, on obtient la pyrazolone

$$CH \quad CH$$
$$Az \quad CO$$
$$AzH$$

dont le dérivé diméthylé (2 et 3) et phénylé (1) constitue l'antipyrine.

Antipyrine, analgésine,
ou diméthylphénylpyrazolone

HISTORIQUE. — Découverte par Knorr.

CONSTITUTION.—Dérivé phénylé (1) et diméthylé (2 et 3) de la pyrazolone

$$CH^3.C \quad CH$$
$$CH^3.Az \quad CO$$
$$Az(C^6H^5)$$

PRÉPARATION. — 1° En chauffant à 100° un mélange d'alcool méthylique, d'iodure de méthyle et de phénylméthylpyrazolone. On réduit l'iodométhylate par l'acide sulfureux, on décompose par la soude et on reprend par l'éther qui dissout l'antipyrine.

2° En traitant l'éther acétylacétique (voyez éther acétylacétique) par la méthylphénylhydrazine symétrique (Knorr).

$$C^6H^5.AzH.AzH.CH^3 + CH^3.CO.CH^2.CO^2.C^2H^5 =$$

$$C^{11}H^{12}Az^2O$$

antipyrine

P. physiques. — Lamelles brillantes fusibles à 113°, très solubles dans H^2O, l'alcool et la benzine.

P. chimiques. — Chauffée à 200° avec HCl concentré, l'antipyrine donne du chlorhydrate d'aniline et de méthylamine. Par AzO^3H bouillant, on obtient un dérivé nitré insoluble dans l'eau $C^{11}H^{11}Az^2O$ (AzO^2).

La solution donne avec le chlorure ferrique une coloration rouge intense.

L'acide azoteux donne avec l'antipyrine une belle coloration bleue verdâtre.

Usages. — L'antipyrine est employée en médecine comme médicament antinévralgique et antithermique.

LES ALCALOIDES NATURELS

Historique. — Sertürner en 1817 reconnaît les propriétés basiques de la morphine découverte par Derosne et Séguin, et retirée par eux de l'extrait d'opium. Peu de temps après, Pelletier découvre l'émétine de l'ipéca. Brandes isole les alcalis végétaux des graines de datura, jusquiame, aconit, belladone et ciguë. En 1818, Pelletier et Caventou découvrent la strychnine et la brucine, et en 1820, ils isolent la quinine du quinquina jaune et démontrent ses propriétés basiques, ainsi que celles de la cinchonine isolée auparavant par Gomez. On découvre peu après la plupart des principaux alcaloïdes. En 1872, on découvre les ptomaïnes ou alcaloïdes cadavériques.

EXTRACTION DES ALCALOIDES. — La méthode d'extraction varie suivant que l'alcaloïde est volatil ou fixe.

Si l'*alcaloïde est volatil* (nicotine, conicine, etc.), on additionne la matière d'acide tartrique, puis de chaux, et l'on épuise par l'éther qui dissoudra l'alcaloïde.

Quand l'*alcaloïde est fixe*, on peut :

1° Epuiser la matière par l'acide sulfurique ou chlorhydrique étendu, qui dissoudra l'alcaloïde.

La solution obtenue mélangée à de la chaux et évaporée donnera, traitée par un dissolvant approprié, l'alcaloïde contenu dans la matière.

2° On peut aussi, après pulvérisation préalable de la matière, la mélanger à la moitié de son poids de chaux, l'humecter avec un peu d'eau, puis évaporer le tout à sec au bain-marie, et enfin épuiser par un dissolvant convenable pour dissoudre l'alcaloïde.

Dans ces deux méthodes, la chaux a pour but de décomposer les sels d'alcaloïdes préexistant dans la plante ou engendrés par le traitement acide. Il se forme un sel de calcium et l'alcaloïde est mis en liberté. De plus les résines qui souillent l'alcaloïde sont retenues par la chaux à l'état de combinaison insoluble dans les dissolvants neutres.

P. GÉNÉRALES. — Les alcaloïdes sont tous des corps azotés. Quelques-uns ne renferment que du carbone, de l'hydrogène et de l'azote; ils forment alors des liquides huileux, incolores, volatils, d'odeur vireuse (nicotine, etc.). Ceux qui renferment en plus de *l'oxygène* sont généralement fixes à l'exception des pelletiérines. Ils sont solides, blancs, bien cristallisés, d'une saveur amère, peu solubles dans l'eau, plus ou moins solubles dans les dissolvants neutres. Tous agissent sur la lumière polarisée, la plupart déviant à gauche; la cinchonine seule est dextrogyre. Ce sont des bases puissantes, colorant en bleu le tournesol, s'unissant aux acides pour former des sels bien définis. Les alcaloïdes déplacent l'ammoniaque de ses combinaisons. La chaleur, les réactifs énergiques les détruisent facilement, quelques-uns sont altérables à la lumière. Ils réagissent sur un grand nombre de réactifs généraux.

Certains réactifs précipitent l'alcaloïde à l'état de sel, d'autres plus énergiques détruisent la molécule et donnent des dérivés diversement colorés.

RÉACTIFS GÉNÉRAUX DES ALCALOÏDES

Le *tannin* précipite presque tous les alcaloïdes plus ou moins complètement.

L'iodure de potassium ioduré ou *réactif de Bouchardat* précipite également bien les alcaloïdes.

L'*iodure double de potassium et de mercure* précipite également.

L'*acide picrique* en solution saturée précipite presque tous les alcaloïdes à l'état de picrate.

Le *réactif de Frohde* (molybdate de soude dissout dans l'acide sulfurique concentré) donne des colorations variées avec plusieurs alcaloïdes.

Le *chlorure de platine* forme des chloroplatinates peu solubles

CLASSIFICATION DES ALCALOÏDES

On distingue les alcaloïdes volatils et les alcaloïdes fixes.

Principaux alcaloïdes volatils. — 1° Alcaloïdes de la ciguë : *conicine* $C^8H^{11}Az$ et *méthylconicine* $C^9H^{13}Az$;

2° Alcaloïde du tabac, *nicotine* $C^{10}H^{14}Az^2$;

3° Alcaloïde du sparticum scoparium, *spartéine* $C^{15}H^{26}Az^2$;

4° Alcaloïdes bactériens : *hydrocollidine* $C^8H^{13}Az$; *parvoline* $C^9H^{13}Az$, *corindine* $C^{10}H^{15}Az$; *isoéthylphénylamine* $C^6H^5CH(AzH^2) — CH^3$.

PRINCIPAUX ALCALOÏDES FIXES

Alcaloïdes des Renonculacées	*Aconitine*	$C^{33}H^{43}AzO^{11}$
	Delphinine	$C^{24}H^{35}AzO^6$
Principaux alcaloïdes des Papavéracées.	*Morphine*	$C^{17}H^{19}AzO^3$
	Codéine	$C^{19}H^{18}(CH^3)AzO^3$
	Thébaïne	$C^{19}H^{21}AzO^3$
	Papavérine	$C^{20}H^{21}AzO^4$
Alcaloïde de l'Erythroxylon coca :	*Cocaïne*	$C^{17}H^{21}AzO^4$
— des Xanthophyllées :	*Pilocarpine*	$C^{11}H^{16}Az^2O^2$
— des Physostigma :	*Esérine*	$C^{15}H^{21}Az^3O^2$
— des Granatées :	*Pelletiérine*	$C^8H^{13}AzO^2$
Alcaloïdes des Strychnées	*Strychnine*	$C^{22}H^{24}Az^2O^2$
	Brucine	$C^{23}H^{26}Az^2O^4$
— du Café et du Cacao	*Caféine*	$C^7H^7(CH^3)Az^4O^2$
	Théobromine	$C^7H^8Az^4O^2$
— des Cinchonées	*Quinine*	$C^{20}H^{24}Az^2O^2$
	Cinchonine	$C^{19}H^{22}Az^2O$
— des Rémigias	*Cinchonamine*	$C^{19}H^{24}Az^2O$
	Homoquinine	$C^{19}H^{22}Az^2O^2$
— des Solanées	*Atropine* / *Hyoscyamine*	$C^{17}H^{23}AzO^3$
— des Veratrum	*Vératrine*	$C^{37}H^{53}AzO^{11}$
	Cévadilline	$C^{34}H^{53}AzO^8$
Alcaloïde de l'Ipécacuanha :	*Emétine*	$C^{28}H^{40}Az^2O^5$
— des Pipéridées :	*Pipérine*	$C^{17}H^{14}AzO^3$
— du Colchique :	*Colchicine*	$C^{17}H^{19}AzO^3$
Alcaloïdes des Cryptogames et Ptomaïnes.	*Ergotinine*	$C^{34}H^{40}Az^4O^6$
	Muscarine	$C^5H^{15}AzO^3$

Conicine $C^8H^{15}Az$

Des alcaloïdes de la ciguë un seul est important, c'est la conicine.

HISTORIQUE. — Retirée en 1827 par Giesecke des fruits de la ciguë.

SYNTHÈSE. — Faite par Ladenburg en traitant l'α picoline par la paraldéhyde :

$$C^5H^4.(CH^3)Az + CH^3.CHO = H^2O + C^5H^4 (CH.CH.CH^3)Az$$
$$\text{allylpyridine}$$

L'allylpyridine, traitée par le Na et l'alcool, fixe H^6 et donne la conicine.

PRÉPARATION. — On distille les semences de ciguë avec de l'eau alcaline; le produit de la distillation renferme la conicine.

CONSTITUTION. — Base secondaire.

PROPRIÉTÉS.—Liquide incolore, jaunissant à l'air, peu soluble dans l'eau froide et l'éther, très soluble dans l'alcool. L'acide chlorhydrique sec lui donne une coloration pourpre qui devient bleu indigo.

PROPRIÉTÉS PHYSIOLOGIQUES. — Poison mortel pour l'homme à la dose de deux décigrammes.

Les cristaux de chlorhydrate sont biréfringents.

Nicotine $C^{10}H^{14}Az^2$

CONSTITUTION. — Base tertiaire possédant un noyau pyridique.

PRÉPARATION. — En distillant le jus de tabac en présence d'un lait de chaux. Le liquide distillé est neutralisé par l'acide sulfurique étendu et concentré. On distille le produit obtenu avec de la soude.

PROPRIÉTÉS. — Liquide incolore, bouillant à 135°, très soluble dans l'eau, l'alcool et l'éther ; lévogyre. Les sels sont dextrogyres. Oxydée par le permanganate la nicotine donne l'*acide nicotianique*. Par l'acide chromique elle dégage une odeur forte de camphre de tabac. Elle répand des fumées blanches avec l'acide chlorhydrique.

Poison foudroyant qui amène la mort par arrêt du cœur.

Spartéine $C^{15}H^{26}Az^2$

HISTORIQUE. — Découverte par Stenhouse dans les fleurs de genêt.

CONSTITUTION. — Base tertiaire possédant un noyau pyridique.

PRÉPARATION. — En distillant l'extrait des fleurs avec

la soude. L'alcaloïde distille avec la vapeur d'eau et tombe au fond du liquide distillé.

PROPRIÉTÉS. — Huile incolore, épaisse, très alcaline, peu soluble dans l'eau. Ses sels cristallisent mal. Elle est douée de propriétés narcotiques et vénéneuses.

Aconitine $C^{33}H^{*}AzO^{11}$

HISTORIQUE. — Retirée par Hep de l'aconit Napel.

Préparée par une méthode assez longue, elle se présente sous formes de tables rhombiques solubles dans l'alcool, l'éther, la benzine. Elle fond à 183°. Les acides la dédoublent à chaud en acide benzoïque et aconine $C^{26}H^{39}AzO^{11}$.

Le chlorhydrate d'aconitine $C^{33}H^{43}AzO^{12},HCl + 3H^{2}O$ est soluble dans l'eau et cristallise.

L'azolate également.

L'aconitine est employée à la dose de 1/10° de milligramme jusqu'à un milligramme pour les maladies d'yeux, d'oreilles, les névralgies. Elle agit sur le cœur.

Morphine $C^{17}H^{19}AzO^{3}$

HISTORIQUE. — Découverte par Sertürner en 1817.

CONSTITUTION. — Base tertiaire dérivée du phénanthrène (isomère de l'anthracène), possédant un oxhydryle phénolique et un oxhydryle alcoolique.

PRÉPARATION. — On dissout le chlorhydrate de morphine et de codéine (sel de Grégory), obtenu en précipitant l'extrait aqueux d'opium par le chlorure de calcium, dans de l'eau et on ajoute de l'ammoniaque qui précipite la morphine.

PROPRIÉTÉS. — Cristallise en prismes. Elle fond à 120°.

Elle a une saveur amère persistante. Peu soluble dans l'eau, l'éther, le chloroforme. Se dissout dans l'alcool, la potasse et l'eau de chaux. Réducteur puissant, elle réduit l'acide iodique à l'état d'iode libre, les sels d'or, d'argent.

Chauffée à 140° avec de l'HCl concentré, elle perd une molécule d'eau et donne l'*apomorphine* $C^{17}H^{17}AzO^2$ qui est employée comme vomitif à la dose de deux centigrammes en injections sous cutanées.

L'iodure de méthyle et la potasse donnent un dérivé méthylé, *la codéine.*

Le chlorure ferrique donne une coloration bleue. L'acide iodique et l'empois d'amidon donnent une coloration bleue par suite de l'iode mis en liberté. La solution sulfurique de morphine additionnée de sucre en poudre donne une coloration pourpre qui passe au violet, puis au jaune.

USAGES. — Les sels obtenus avec la morphine sont employés à titre d'hypnotique, analgésique et anesthésique à la dose de 1 à 10 centigr.

Codéine ou *méthylmorphine* $C^{17}H^{18}(CH^3)AzO^3$

HISTORIQUE. — Découverte par Robiquet.

SYNTHÈSE PARTIELLE. — En chauffant la morphine avec la potasse et l'iodure de méthyle.

$$C^{17}H^{19}AzO^3 + KOH + CH^3I =$$
morphine

$$C^{17}H^{18}(CH^3)AzO^3 + H^2O + KI$$
codéine

CONSTITUTION. — C'est de la morphine dont l'hydrogène de l'oxhydryle phénolique est remplacé par le méthyle CH^3.

PRÉPARATION. — 1° Par synthèse.

2° Par évaporation des eaux ammoniacales provenant de la préparation de la morphine.

PROPRIÉTÉS. — Octaèdres fusibles à 150°, solubles dans l'eau, les alcalis, l'alcool, l'éther, le chloroforme. Elle possède les propriétés d'une amine tertiaire. Le chlorhydrate de codéine cristallise avec deux molécules d'eau.

Elle ne réduit pas l'acide iodique, ni les sels d'or.

USAGES. — Produit un sommeil doux et paisible à la dose de 1 à 4 centigr. et ne donne pas, comme la morphine, de pesanteur de tête.

Narcéine $C^{23}H^{29}AzO^9$

Elle a été découverte par Pelletier dans les eaux-mères de la morphine. Elle cristallise en aiguilles solubles dans l'alcool. L'iode la colore en bleu intense. L'eau chlorée et l'ammoniaque donnent une coloration rouge sang.

USAGES. — Employée en médecine à la dose de trois centigrammes, elle paraît moins active que la morphine.

Thébaïne $C^{19}H^{21}AzO^3$

Retirée de l'opium. Elle cristallise en tables fusibles à 193°, insolubles dans l'eau, solubles dans l'alcool, l'éther.

Poison convulsivant : 5 centigr. occasionnent la mort d'un chien.

Cocaïne $C^{17}H^{21}AzO^4$

SYNTHÈSE PARTIELLE. — En chauffant l'*ecgonine* retirée des eaux-mères de la cocaïne avec l'acide benzoïque et l'alcool méthylique (Skraup).

$$C^9H^{15}AzO^3 + C^7H^6O^2 + CH^4O = C^{17}H^{21}AzO^4 + 2H^2O$$
$$\text{ecgonine} \qquad\qquad\qquad\qquad\qquad \text{cocaïne}$$

CONSTITUTION. — Ether méthylbenzoïlique de l'ecgonine dérivée d'une diméthylpyridine.

PRÉPARATION. — 1° On la retire des feuilles de coca en précipitant l'extrait obtenu par l'acétate de plomb et épuisant par l'éther qui dissout la cocaïne.

2° Par synthèse partielle.

PROPRIÉTÉS. — Insoluble dans l'eau; soluble dans l'alcool et l'éther. Le chlorhydrate $C^{17}H^{21}AzO^4,HCl$ est insoluble dans l'éther, mais très soluble dans l'eau.

USAGE. — Le chlorhydrate est utilisé en médecine pour l'anesthésie locale, à la dose maxima de cinq centigrammes.

La solution de chlorhydrate ne doit pas contenir de *truxilline*, poison cardiaque existant dans la cocaïne retirée des feuilles; elle doit donner par le permanganate de potasse un précipité violet.

Pilocarpine $C^{11}H^{16}Az^2O^2$

HISTORIQUE. — Retirée en 1875 par Byasson et Hardy des feuilles de Jaborandi.

CONSTITUTION. — Base tertiaire dérivant d'une isopropylpyridine.

PRÉPARATION. — En épuisant les feuilles de Jaborandi par l'alcool acidulé. Le résidu alcoolique est repris par l'eau, alcalinisé par l'ammoniaque et agité avec du chloroforme qui dissout la pilocarpine.

PROPRIÉTÉS. — Liquide épais, incolore, soluble dans l'eau, l'alcool, le chloroforme. Le chlorhydrate et l'azotate sont bien cristallisés. Le permanganate l'oxyde et donne l'acide nicotianique.

USAGES. — Utilisée en médecine en injections hypodermiques (cinq milligr. à deux centigr.); comme sudorifique et sialagogue.

Esérine $C^{15}H^{21}Az^3O^2$ ou *Physostigmine*

HISTORIQUE. — Découverte par Vée dans la fève de Calabar.

PRÉPARATION. — L'extrait alcoolique de fève de Calabar est additionné de carbonate de soude et agité avec de l'éther qui dissout l'ésérine.

PROPRIÉTÉS. — Cristaux fusibles à 45°, peu solubles dans l'eau, solubles dans l'alcool, l'éther, la benzine, le chloroforme et les alcalis.

Son sulfate est employé pour diverses affections oculaires en collyres. L'ésérine et ses sels produisent une contraction de la pupille et une action sédative de la moelle.

Pelletiérine, isopelletiérine, pseudo et méthyl-
pelletiérine.

Ces quatre alcaloïdes ont été extraits de l'écorce de grenadier en la mélangeant avec un lait de chaux et épuisant la solution aqueuse par le chloroforme.

La pelletiérine $C^8H^{13}AzO$ est liquide assez soluble dans l'eau. L'isopelletiérine ressemble beaucoup à la précédente; mais son sulfate est déliquescent. La pseudo-pelletiérine fond à 45°.

Ce sont tous des tœnifuges puissants employés à l'état de tannate à la dose de 0,50 centigr.

Strychnine $C^{24}H^{22}Az^2O^2$

HISTORIQUE. — Retirée par Pelletier et Caventou de la noix vomique.

PRÉPARATION. — On épuise les noix vomiques mélangées de chaux par l'alcool bouillant. L'extrait alcoolique est épuisé par l'alcool faible qui dissout la brucine. Le résidu est converti en nitrate de strychnine peu soluble dans l'eau.

PROPRIÉTÉS. — Octaèdres peu solubles dans l'eau, plus solubles dans l'alcool et le chloroforme. Elle fond à 284°. C'est une base tertiaire. Ses sels cristallisent bien. Le chlorhydrate est plus soluble que le sulfate. Les oxydants donnent une coloration bleue passant au violet et au rouge, puis au jaune. La brucine, la morphine, la quinine, l'alcool méthylique entravent cette réaction. Elle réduit l'acide iodique et se colore en violet.

Les sels de strychnine sont des poisons tétaniques employés en médecine à la dose de quelques milligrammes.

Brucine $C^{23}H^{26}Az^2O^4$

Cette base se retire en même temps que la strychnine de la noix vomique. Elle cristallise en prismes rhomboïdaux obliques. Elle est un peu soluble dans l'eau froide; soluble dans l'alcool, le chloroforme; insoluble dans l'éther. Le chlorbydrate et le sulfate sont bien cristallisés. Par l'acide azotique on a une coloration rouge, puis jaune; l'addition d'un réducteur, comme l'acide sulfureux ou le chlorure stanneux, fait passer la coloration au bleu.

La brucine est peu toxique; elle n'est pas employée en médecine.

Caféine $C^8H^{10}Az^4O^2$

Historique. — Découverte par Robiquet et Boutron.

Constitution. — C'est un dérivé du groupe urique.

P**réparation**. — On épuise le thé mélangé de chaux par le chloroforme bouillant.

P**ropriétés**. — Aiguilles soyeuses renfermant une molécule d'eau qui part à 150°. Elle fond à 178°. Assez soluble dans l'eau et l'alcool, la caféine est peu soluble dans l'éther. Les acides donnent des sels peu stables décomposés en partie par l'eau bouillante. L'acide chlorhydrique et le chlorate de potasse donnent de l'*alloxane*. Avec l'acide azotique et l'ammoniaque on a formation de *murexide,* comme avec l'acide urique.

U**sages**. — On l'emploie à l'état de citrate contre les migraines et fièvres intermittentes.

Théobromine $C^7H^8Az^4O^2$ ou *méthylcaféine*

H**istorique**. — Retirée par Woskresenski du cacao (1842).

S**ynthèse**. — Faite par Fischer en traitant le dérivé plombique de la xanthine par l'iodure de méthyle.

$$C^5H^2PbAz^4O^2 + 2\,CH^3I = C^5H^2(CH^3)^2Az^4O^2 + PbI^2$$
$$\text{diméthylxanthine ou théobromine}$$

C**onstitution**. — Dérivé de l'acide urique.

P**réparation**. — On épuise le cacao, débarassé des matières grasses et mélangé à de la chaux, par l'alcool bouillant.

PROPRIÉTÉS. — Prismes fusibles à 290°. C'est une base faible donnant des sels. La *théobromine argentique* chauffée avec l'iodure de méthyle se convertit en *caféine*.

$$C^7H^7AgAz^4O^2 + CH^3I = AgI + C^8H^{10}Az^4O^2$$

Le salicylate de soude et de théobromine ou *diurétine* est employé à la dose de 3 à 5 grammes par jour comme diurétique.

Eméline $C^{28}H^{40}Az^2O^5$

C'est le principe actif de l'ipécacuanha.

On l'obtient en épuisant par l'éther l'ipéca mélangé de chaux. Base donnant des sels. L'émétine s'altère à la lumière. Elle fond à 62°-63°. Son nitrate est presque insoluble dans l'eau.

Quinine $C^{20}H^{24}Az^2O^2$

HISTORIQUE. — Découverte en 1820 par Pelletier et Caventou.

CONTITUTION. — Dérivé d'une méthylhydrodiquino-léine.

PRÉPARATION. — 1° En traitant l'écorce de quinquina

par l'eau acidulée et ajoutant un lait de chaux au liquide filtré. On épuise le précipité obtenu contenant les alcaloïdes par l'alcool à 90°.

2° On mélange le quinquina avec de la chaux et on épuise par l'éther de pétrole qui dissout la quinine.

On sépare la quinine de la cinchonine, qui s'y trouve mélangée, par l'éther qui dissout seulement la quinine.

Propriétés. — Insoluble dans l'eau, soluble dans l'alcool, l'éther, la benzine. C'est une amine tertiaire. Chauffée avec de la potasse et un peu d'eau, elle donne de la quinoléine. L'iode broyé avec la quinine donne de l'iodo-quinine brun amorphe. La solution alcoolique et chaude de sulfate de quinine additionnée de teinture d'iode donne par refroidissement des cristaux mordorés d'*hérapatite* $C^{20}H^{24}Az^2O^2(I^2)So^4H^2+5H^2O$. Les sels de quinine donnent des solutions fluorescentes. L'eau chlorée et l'ammoniaque donnent une coloration verte. L'eau chlorée et le cyanure jaune, avec un peu d'ammoniaque, donnent une coloration rouge groseille.

Le *sulfate de quinine* des pharmacies ou *sulfate basique* $(C^{20}H^{24}Az^2O^2)^2So^4H^2 + 7H^2O)$ est insoluble dans l'H^2O mais soluble à la faveur des acides dilués. Un gramme de ce sulfate doit se dissoudre dans 10^{cc} d'éther à 56° additionné de 2^{cc} d'ammoniaque. La cinchonine est insoluble dans ce mélange. L'acide sulfurique colore en brun le sulfate de quinine falsifié avec du *sucre* et en rouge celui qui renferme de la *salicine*.

On l'emploie en médecine comme fébrifuge antithermique, et surtout dans les fièvres intermittentes depuis 0 gr. 50 jusqu'à 1 gr. 50 par jour.

Le *chlorhydrate de quinine* du commerce ou chlorhydrate basique $C^{20}H^{24}Az^2O^2$, $HCl + 2H^2O$ se dissout facilement dans 21 parties d'eau.

Le *bromhydrate* est soluble dans 45 p. d'eau. On le prépare en traitant le sulfate de quinine par le bromure de baryum. Il ne doit pas se troubler par l'acide sulfurique, ce qui indiquerait la présence du baryum.

Le *lactate de quinine* se dissout dans neuf fois son poids d'eau ; il ne fatigue pas l'estomac et est employé chez les enfants.

Le *salicylate* est soluble dans 880 grammes d'eau.

Le *tannate* est insoluble dans l'eau. Vu son peu de goût, il peut être aisément ordonné aux malades difficiles.

Quinidine et quinicine

Ce sont des isomères de la quinine, lui ressemblant beaucoup.

Cinchonine $C^{19}H^{22}Az^2O$

HISTORIQUE. — Pelletier et Caventou montrèrent en 1820 les propriétés basiques de la cinchonine obtenue cristallisée par Gomez en 1811.

CONSTITUTION. — Base tertiaire dérivée d'un noyau biquinoléique.

PRÉPARATION. — On la retire des eaux-mères qui proviennent de l'extraction de la quinine.

PROPRIÉTÉS. — Insoluble dans l'eau, assez soluble dans l'alcool, peu soluble dans l'éther C'est une base tertiaire, à réaction alcaline, fournissant des sels bien définis. Le chlorure mercurique colore à chaud la cinchonine en rouge violacé.

Le *sulfate basique* $(C^{19}H^{22}Az^2O)$ $SO^1H^2+2H^2O$ se dissout dans 157 p. d'H^2O et donne une solution fluorescente. Les solutions ne donnent pas de coloration verte par l'eau chlorée et l'ammoniaque.

USAGE. — Elle n'a pas d'emploi médical.

CINCHONIDINE $C^{19}H^{22}Az^2O$. C'est un isomère de la cinchonine très abondant dans certains quinquinas. (C. succirubra, etc.)

Homoquinine. $C^{19}A^{36}Az^4O^4$

HISTORIQUE. — Découverte par Howard et Hodgier dans le *Remigia pedunculata*. Son sulfate basique est cristallisé en aiguilles solubles dans 100 p. d'eau. Les solutions acides sont fluorescentes. Le tartrate est peu soluble. L'ébullition avec la lessive de soude dédouble l'homoquinine en *quinine* et *cupréine* $C^{19}H^{24}Az^2O^2$

Cinchonamine $C^{19}H^{24}Az^2O$

HISTORIQUE. — Découverte par Arnaud dans les *Rémigias*.

PROPRIÉTÉS. — C'est une base insoluble, fusible à 195° L'azotate est complètement insoluble dans l'eau. Elle est toxique et affaiblit les mouvements du cœur.

Atropine $C^{17}H^{23}AzO^3$

HISTORIQUE. — Découverte par Hesse et Geiger puis par Mein en 1833.

SYNTHÈSE PARTIELLE. — Par Ladenburg en faisant réagir HCl étendu sur le tropate de tropine

$$C^8H^{15}AzO, C^9H^{10}O^3 = H^2O + C^{17}H^{23}AzO^3$$
Tropate de tropine   atropine

L'*acide tropique* a été fait par synthèse mais la *tropine* n'a pu encore être faite.

PRÉPARATION. — La belladone est traitée par SO^4H^2 étendu; le résidu est repris par l'alcool et filtré. On agite le résidu de l'évaporation alcalinisé par l'ammoniaque avec du chloroforme qui dissout l'atropine.

Propriétés. — Aiguilles soyeuses fondant à 90°. Très solubles dans l'alcool, peu soluble dans H_2O et l'éther.

Oxydée par le bichromate de potasse, l'atropine donne de l'acide benzoïque. La baryte à 60° la dédouble en tropine et acide tropique, qui a été fait synthétiquement et a pour constitution

$$C^6H^5.CH\begin{cases}CO^2H\\CH^2OH\end{cases}$$

C'est un poison violent qui dilate la pupille. On l'emploie à l'état de sulfate (insoluble dans l'éther, soluble dans l'eau et l'alcool) en collyre 0 gr. 05 à 0 gr. 21 pour 100 p. d'eau.

Hyoscyamine $C^{17}H^{23}AzO^3$

C'est un isomère de l'atropine constant dans la belladone, mais plus abondant dans la jusquiame (hyoscyamus nigra). Elle donne avec une lessive de soude les mêmes produits de dédoublement que l'atropine (acide tropique et tropine) qui, reconstitués, ne donnent plus l'hyoscyamine mais l'atropine. Chauffée à 110°, elle se transforme en atropine.

La *belladonine*, la *daturine* sont des mélanges d'atropine et d'hyoscyamine.

La *duboisine* est de l'hyoscyamine presque pure.

Solanine $C^{43}H^{71}AzO^{46}$

C'est un glucoside découvert par Desfosses en 1822 dans les solanées (S. nigrum, etc.) ainsi que dans les germes de pomme de terre. A chaud elle se dédouble en présence des acides étendus en *solanidine* $C^{25}H^{41}AzO$ et *glucose*. C'est une base faible de saveur âcre et nauséeuse, très toxique.

Pipérine $C^{47}H^{19}AzO^{3}$

HISTORIQUE. — Découverte par Arstedt en 1819.

CONSTITUTION. — C'est une amide substituée, la pipéridine, base secondaire, remplaçant l'ammoniaque.

PRÉPARATION. — Le poivre humecté d'eau froide est mélangé de chaux éteinte, puis desséché au bain-marie ; il est ensuite traité par le chloroforme ou l'éther qui dissout la pipérine.

PROPRIÉTÉS. — Prismes incolores, fondant à 100°. Insolubles dans l'eau froide, très solubles dans l'alcool.

Distillée avec la potasse la pipérine donne du pipérate de potasse et de la *pipéridine*. Inversement on reproduit la pipérine en mélangeant des solutions benzéniques de pipéridine et de chlorure de pipéryle.

$$C^5H^{10}AzH + C^{12}H^9O^3Cl = C^5H^{10}Az - C^{12}H^9O^3,HCl$$

pipéridine   chlorure   pipérine
de pipéryle

La *pipéridine* a été faite synthétiquement par Ladenburg en chauffant brusquement le chlorhydrate de pentamétylènediamine.

$$CH^2(CH^2.CH^2.AzH^2)^2 = AzH^3 +$$

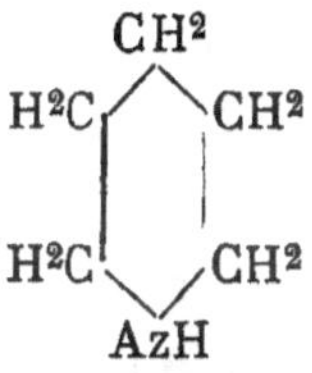

$$CH^2$$
$$H^2C \diagup \quad \diagdown CH^2$$
$$| \qquad\qquad |$$
$$H^2C \diagdown \quad \diagup CH^2$$
$$AzH$$

Piperidine

Cévadine $C^{32}H^{49}AzO^9$

Les semences de cévadille contiennent la cévadine.

Elle cristallise en prismes fusibles à 205°. Sa réaction est alcaline. Ses sels sont vomitifs et très toxiques. Un mélange de cévadine et de sucre, additionné d'acide sulfurique, prend au bout de quelque temps, en ajoutant de l'eau, une couleur verte, puis bleu foncée.

Vératrine $C^{37}H^{53}AzO^{11}$

Elle existe également dans les semences de cévadille. Elle est incristallisable. Son azotate est très peu soluble. Elle se dédouble par la potasse aqueuse en acide *vératrique* et *vérine*.

Colchicine $C^{17}H^{69}AzO^5$

HISTORIQUE. — Découverte par Hesse et Geiger en 1833.

PRÉPARATION. — En traitant les bulbes de colchique par l'alcool. Le résidu épuisé par l'eau additionnée d'acide tartrique est filtré, puis lavé par le chloroforme qui dissout la colchicine.

PROPRIÉTÉS. — La colchicine est soluble dans l'eau froide. Elle noircit à la lumière. Ses sels sont neutres. Elle paraît être un glucoside. Elle est très toxique. Elle est purgative chez l'homme à la dose de 5 milligrammes.

PTOMAINES ET LEUCOMAINES

On appelle *ptomaïnes* les alcaloïdes qui apparaissent dans le cadavre en putréfaction, sous l'influence de la vie microbienne.

On appelle *leucomaïnes*, les alcaloïdes produits durant la vie par l'organisme des grands animaux.

Ptomaïnes

EXTRACTION. — La liqueur putride est acidulée par l'acide sulfurique, puis coagulée par la chaleur.

Après filtration et saturation par la chaux, elle est distillée. Les ptomaïnes volatiles passent à la distillation et sont séparées à l'état de sel et en particulier de chloro-platinate.

Le résidu calcaire, séché dans le vide, est épuisé par l'éther alcoolique qui dissout les ptomaïnes fixes.

PROPRIÉTÉS. — Les bases putréfactives sont générale-ment huileuses, incolores, très alcalines. Elles ont sou-vent une odeur agréable. Elles sont très oxydables et donnent souvent des chlorhydrates cristallisables. Les uns sont solubles dans l'éther, les autres dans le chlo-roforme ou l'alcool amylique.

Tous les réactifs généraux des alcaloïdes végétaux les précipitent.

Comme réactions colorées, on peut signaler l'action de l'acide sulfurique qui les colore en rouge violacé, l'action de l'acide chlorhydrique qui donne une couleur rouge violet que la chaleur développe. L'acide nitrique, chauffé pendant quelque temps avec elles, donne une coloration jaune d'or.

Elles réduisent l'acide iodique, l'acide chromique, le chlorure d'or, le nitrate d'argent et le chlorure ferrique. Ce dernier devient alors apte à donner du bleu de Prusse avec le ferricyanure de potassium.

17

Les alcaloïdes cadavériques sont en général vénéneux et déterminent les phénomènes suivants ;

Dilatation de la pupille au début, puis rétrécissement ; convulsions tétaniques, bientôt suivies de flaccidité musculaire ; ralentissement, rarement augmentation des battements cardiaques ; perte absolue de la sensibilité cutanée ; perte de la contractilité musculaire ; paralysie des vaso-moteurs ; respiration très ralentie ; somnolence à laquelle succède la mort avec le cœur en systole.

Leucomaïnes

Les leucomaïnes se divisent en deux groupes :

1° Les *leucomaïnes xantiques* qui précipitent à froid par le nitrate d'argent ammoniacal et à chaud par l'acétate de cuivre en liqueur acide.

2° Les *leucomaïnes créatiniques* qui ne précipitent pas par les réactifs précédents, mais forment des sels solubles avec le chlorure de zinc ou le chlorure de cadmium.

Presque toutes les leucomaïnes xanthiques évaporées en présence d'acide nitrique laissent un résidu jaune que les alcalis colorent en orange et souvent en pourpre fugace. Les leucomaïnes créatiniques ne présentent pas ce caractère.

Parmi les leucomaïnes xanthiques, nous citerons l'adémine renfermée dans les feuilles de thé, la rate et le pancréas ; l'*hypoxanthine* ou *sarcine*, renfermée dans la rate et les muscles ; la *xanthine* renfermée dans les glandes ; la *guanine* renfermée dans le guano, les glandes, le poumon, la chair musculaire, la vessie natatoire des poissons ; la *carnine* de l'extrait de viande, etc.

Parmi les leucomaïnes créatiniques nous citerons la *créatine* de la chair musculaire, du cerveau, du sang ; la *créatinine* trouvée dans les muscles et dans les urines *crusocréatinine*, la *xanthocréatinine*, l'*amphicréatinine*, etc.

Matières albuminoïdes

Les matières albuminoïdes ou protéiques, dont la fibrine du sang, la caséine du lait, l'osséine de l'os, la musculine des muscles et l'albumine de l'œuf constituent quelques types, sont des corps renfermant du carbone, de l'hydrogène, de l'azote, de l'oxygène et du soufre, généralement hydratés et combinés à des sels divers ; elles constituent la trame des tissus animaux ou encore le protoplasma végétal.

Constitution. — On doit les envisager comme des nitriles complexes, à poids moléculaire élevé, qui s'hydratent puis se dédoublent sous l'influence des ferments, des acides et des alcalis.

Par une méthode régulière d'hydratation avec l'eau de baryte, à diverses températures, on obtient comme termes fondamentaux variant un peu comme quantité et comme nature suivant le principe albuminoïde envisagé, les dérivés suivants : de l'ammoniaque, de l'acide carbonique, de l'acide oxalique, de l'acide acétique, des glucoprotéines dédoublables en leucines, et en leucéines et enfin une dileucéine.

CLASSIFICATION. — On peut distinguer les matières albuminoïdes animales des matières albuminoïdes végétales.

Matières albuminoïdes animales

1° ALBUMINES : Substances solubles dans l'eau sans le concours d'une base, ou d'un sel neutre ou alcalin, et coagulables par la chaleur : *albumine de l'œuf* et *sérum-albumine*.

2° GLOBULINES : Matières insolubles dans l'eau, mais solubles dans les dissolutions des sels neutres (NaCl, KCl, AzH⁴Cl, SO⁴Mg...) coagulables par la chaleur : *vitelline, myosine, sérum, globuline* (syn. *paraglobuline, sérum-caséine, substance fibrinoplastique, substance fibrinogène.*

3° FIBRINES. — Insoluble dans l'eau; gonflées par les dissolutions des sels neutres et surtout par les acides étendus; coagulées par l'eau bouillante : *fibrines du sang.*

4° MATIÈRES ALBUMINOÏDES COAGULÉES. — Insolubles dans l'eau et dans les dissolutions salines; médiocrement gonflées par ces dernières ou par les acides étendus, non colorées par l'iode.

5° **Substance amyloide.** — Insoluble dans l'eau, les dissolutions salines, les acides et les alcalis étendus, colorable par l'iode en rouge-brun ou en violet.

6° **Acidalbumines.** — Insolubles dans l'eau, les dissolutions salines étendues, dans l'alcool froid ou chaud. Fraîchement précipitées, elles sont facilement dissoutes par les acides ou les alcalis étendus; mélangées avec du carbonate de calcium délayé dans de l'eau, elles restent insolubles.

7° **Alcali-albumines.** — Très peu soluble dans l'eau ou les dissolutions salines, un peu soluble dans l'alcool chaud. Délayées dans de l'eau avec du carbonate de calcium, elles se dissolvent en déplaçant l'acide carbonique.

8° **Albumoses ou propeptones.** — Elles ressemblent, en général, aux acidalbumines. Elles sont solubles dans les dissolutions étendues de sel marin; l'acide nitrique les précipite à froid, mais le précipité se redissout à chaud.

9° **Peptones.** — Très solubles dans l'eau, non coagulables par la chaleur. L'acide acétique et le cyanure jaune, le sel marin en excès en présence d'un acide, l'acide nitrique, l'ébullition avec l'acétate ferrique ne les précipitent pas.

10° **Protéides.** — Peuvent être dédoublés en une matière albuminoïde et en d'autres substances : *hémoglobines*, *oxyhémoglobines* (et certains dérivés), *caséine*, *mucine*, *chondrine* (et quelques *nucléines*).

11° ALBUMOIDES. — Matières insolubles, en général non dissoutes par les sucs digestifs ; se rencontrent surtout dans les téguments et organes de soutien : *kératines, élastine, fibroïne et séricine.*

12° SUBSTANCES GÉLATINEUSES. — Elles sont solubles dans l'eau chaude sans subir de modifications : gélatine.

13° SUBSTANCES ANALOGUES A LA SPONGINE (substances spongieuses). — L'eau bouillante ne les dissout qu'après modification : *spongine, conchioline, byssus, cornéine, spirographine,* etc.

Matières albuminoïdes végétales

1° ALBUMINES VÉGÉTALES. — Solubles dans l'eau, coagulables par la chaleur.

2° MATIÈRES ALBUMINOIDES DU GLUTEN. — Insolubles dans l'eau et dans l'alcool absolu, mais solubles dans l'alcool aqueux, coagulables par la chaleur : *gluten-fibrine, gliadine, mucédine.*

3° CAZÉÏNES VÉGÉTALES. — Insolubles dans l'eau et dans les dissolutions salines, solubles dans les acides et dans les alcalis étendus, coagulables à chaud : *gluten-caséine, légumine.*

4° GLOBULINES VÉGÉTALES. — Analogues aux globulines animales, elles se dissolvent sensiblement dans l'eau

pure. Le sel marin les précipite d'abord de cette dissolution, mais un excès les redissout facilement et un plus
fort excès les précipite de nouveau : *conglutine*, *globulines* (des courges, du chanvre, du ricin, etc).

Ces albumines et globulines végétales donnent sans
doute des acidalbumines et des alcalis-albumines ainsi
que des peptones.

Des recherches restent à faire dans cette voie.

Propriétés physiques. — Les matières albuminoïdes
sont généralement amorphes, incristallisables, insipides,
incolores, d'aspect corné lorsqu'elles sont sèches.

Elles sont sous l'état appelé *colloïdal*.

A l'exception de la gélatine et des peptones, elles
sont coagulables par l'alcool concentré.

L'éther, la benzine, la ligroïne, les huiles, ne les
dissolvent pas.

Propriétés chimiques. — Les matières albuminoïdes
sont précipitées par les sels de plomb, de mercure,
d'argent, de platine, d'urane ; elles sont coagulées par
le tannin, les phénols, l'acide picrique, le chloral, l'acide
taurocholique.

Sauf l'hémoglobine, la chondrine, la kératine et
certaines mucines, les autres corps protéiques se
colorent en violet rougeâtre au contact de l'acide
chlorhydrique concentré.

L'acide sulfurique concentré donne avec eux une
coloration rouge violacé par addition d'un peu de sucre.

L'acide sulfurique, additionné de 1 0/0 d'acide molyb-
dique, les colore en bleu intense.

Humectés d'une goutte de sulfate de cuivre, puis d'un

peu de potasse caustique et lavés, les albuminoïdes laissent une couleur violette.

Ils se colorent en jaune (acide xanthoprotéique) par l'acide azotique concentré.

Chauffés avec une solution de cuivre très étendue, additionnée préalablement de potasse en excès, ils se dissolvent avec une belle coloration violette qui est rouge clair pour la gélatine et rose pour les peptones (réaction du biuret).

Le nitrate mercureux (réactif de Millon) précipite et colore à l'ébullition, en rouge ou en rose, les principes albuminoïdes.

Le ferrocyanure de potassium précipite toutes les matières albuminoïdes solubles, sauf les peptones et la gélatine.

Albumine de l'œuf

Préparation. — On étend d'eau le blanc d'œuf battu, on filtre sur un linge et on précipite par le sous-acétate de plomb. Il se précipite de l'albuminate de plomb qu'on lave et qu'on décompose par l'hydrogène sulfuré. On filtre et on évapore à une température inférieure à 40°. Le résidu est de l'albumine pure.

Propriétés. — Séchée, l'albumine est amorphe jaunâtre transparente. Elle est soluble dans l'eau. Sa solution se trouble à 60° et se coagule à 75°. L'alcool, les acides minéraux la coagulent, sauf l'acide ortho-phosphorique. Son pouvoir rotatoire pour la lumière jaune est de 35°5. Elle précipite par les sels métalliques. Elle se combine avec les bases Les albuminates alcalins sont solubles ; les autres sont insolubles.

Caséine

Elle existe en solution dans le lait, et partiellement en suspension.

PRÉPARATION.— On la prépare en étendant le lait de trois à quatre fois son volume d'eau et en précipitant en ajoutant goutte à goutte de l'acide chlorhydrique dilué. Les flocons lavés à l'eau froide, à l'alcool et à l'éther constituent la caséine qui est soluble dans les alcalis.

La légumine des pois, lentilles, haricots, est la *caséine végétale*.

Albuminoses ou peptones

Sous l'influence du suc gastrique et du suc pancréatique les matières albuminoïdes se transforment en peptones qui sont plus *diffusibles* c'est-à-dire passent plus facilement à travers les membranes que les corps albuminoïdes,

Elles paraissent être des hydrates des matières albuminoïdes.

Fibrine

Le sang au sortir des vaisseaux se coagule en formant un *caillot* qui se sépare de la partie liquide appelée *sérum*. Ce caillot lavé à grande eau abandonne les globules rouges et n'est bientôt plus constitué que par de la fibrine, qu'on lave à l'alcool et à l'éther. Elle est insoluble dans l'eau, le chlorure de sodium, et les acides étendus mais se gonfle dans la soude caustique.

Gélatine

Elle est le type des matières dites collagènes (kératine, chondrine etc.) qui s'éloignent un peu des matières albuminoïdes proprement dites.

Elle est obtenue en chauffant au sein de l'eau sous pression la matière organique des os ou *osséine* ou encore de la peau.

La gélatine se gonfle dans l'eau, se dissout dans l'eau bouillante qui l'abandonne sous forme de gelée par refroidissement.

Sous l'influence des acides et des bases, elle donne des amines-acides (glycocolle, leucine).

Les acides minéraux ne la précipitent pas.

Le tannin, le sublimé corrosif la précipitent.

Ferments solubles ou diastases

Les ferments solubles sont des matières azotées qui offrent de grandes analogies avec les matières albuminoïdes, mais qui s'en distinguent par la propriété, après coagulation par l'alcool, de se redissoudre dans l'eau et par celle d'avoir une action hydratante et dédoublante à l'égard de certaines matières dites *fermentescibles*.

PRÉPARATION. — 1° On épuise les organes par l'eau acidulée par l'acide phosphorique et on ajoute de l'eau de chaux qui donne du phosphate tricalcique, lequel se précipite et entraîne le ferment.

Le précipité abandonne à l'eau pure le ferment qu'on purifie en le précipitant par l'alcool et le redissolvant dans l'eau.

2° On traite les organes par l'alcool. On épuise ensuite par la glycérine qui dissout le ferment soluble. On précipite ensuite le ferment de sa solution glycérinée.

PROPRIÉTÉS. — Les ferments sont solides, blancs, amorphes, solubles dans l'eau, la glycérine, précipitables de leur solution par l'alcool fort.

Ils ne sont pas précipités par le tannin et le sublimé corrosif ni ne se colorent en jaune par l'acide azotique. Les autres caractères sont ceux des albuminoïdes.

FERMENTS SOLUBLES ANIMAUX. — *Ptyaline* de la salive qui saccharifie l'amidon ; *pepsine* de l'estomac qui peptonifie la fibrine : *pancréatine* du pancréas constituée elle-même par un ferment saccharifiant l'amidon et une autre la *trypsine* peptonifiant les substances albuminoïdes, etc., etc.

FERMENTS SOLUBLES VÉGÉTAUX. — *Amylase* de l'orge germé, saccharifiant l'amidon; *synaptase* ou *émulsine* dédoublant l'amygdaline des amandes amères en glucose, acide prussique et aldéhyde benzylique; *myrosine* de la moutarde donnant l'essence de moutarde aux dépens du myronate de potasse, etc.

TABLES DES MATIÈRES

TABLE ANALYTIQUE DES MATIÈRES

SÉRIE GRASSE

SÉRIE AROMATIQUE

SÉRIE TÉRÉBÉNIQUE

SIÉRE PYRIDIQUE ET QUINOLÉIQUE

SÉRIE DU PYRROL ET DU PYRAZOL

TABLE ALPHABÉTIQUE DES MATIÈRES

www.ingramcontent.com/pod-product-compliance
Lightning Source LLC
LaVergne TN
LVHW020149030726
842520LV00003B/655